AGRICULTURE DE L'AMÉRIQUE DU SUD

EXPLOITATION AGRICOLE

DANS LE NORD

DE LA

RÉPUBLIQUE ARGENTINE

PAR

PIERRE ANDRIEU

LA RÉPUBLIQUE ARGENTINE ET LA FRANCE.
CHACO AUSTRAL. — COLONIE OCAMPO. — LE COLON AGRICULTEUR.
CÉRÉALES, LEUR EXPORTATION. — ARACHIDE. — SÉSAME.
TABAC. — CANNE A SUCRE. — SORGHO. — COTON. — BÉTAIL. — FORÊTS.
MATIÈRES TANNANTES. — CHASSE.
PÊCHE. — BÉNÉFICES DU TRAVAIL ET DU CAPITAL.
CARTE DE LA RÉPUBLIQUE ARGENTINE

Prix : 2 Francs

PARIS

LIBRAIRIE CENTRALE D'AGRICULTURE ET DE JARDINAGE
RUE DES ÉCOLES, 62 (ANCIEN 82), PRÈS LE MUSÉE DE CLUNY
AUGUSTE GOIN, ÉDITEUR

BIBLIOTHÈQUE DE L'AGRICULTEUR PRATICIEN

Abeilles. Leur élevage par les procédés modernes, par G. DE LAYENS. In-18, fig. — 1 50

Agriculture théorique et pratique, basée sur la chimie agricole, par G. LECHARTIER. 1 vol. in-18 — 4 »

Agriculture Théorie et pratique, par MURPHY. 1 vol. in-18, fig. — 1 50

Agronomie et Physiologie végétale. Etudes théoriques et pratiques, par I. PIERRE. 4 vol. in-18. T. Ier : *Sol, Engrais, Amendements.* — Tome II : *Plantes fourragères ; Graines et produits dérivés.* — Tome III : *Céréales.* — Tome IV : *Plantes industrielles ; Recherches diverses* — 14 »

Almanach de l'Agriculteur praticien pour 1871-72. 14e année. In-18, fig. — » 50
Les années 1857 à 1870 chaque — » 50

Analyse des terres ; *des amendements ; des engrais liquides et solides ; des fourrages*, etc., par Isidore PIERRE. 1 vol. in-18 avec fig. — 2 50

Basse-cour et Lapin domestique, par YSABEAU, 1 vol. in-18 — 1 »

Bétail (*De l'alimentation du*), par Isidore PIERRE. 4e édition. 1 vol. in-18 — 2 50

Bêtes ovines (*Des*) **et des Chèvres**, par YSABEAU. 1 vol. in-18, fig. — » 75

Cailles, Faisans et Perdrix, par ALLARY. 1 vol. in-18, fig. — 2 »

Chevaux. Conseils aux Éleveurs, par Ch. DU HAYS. 1 vol. in-18, fig. — 3 50

Cheval. Description et traitement des principales maladies du Cheval, suivis de notions de chirurgie vétérinaire ; d'une pharmacie économique ; de la connaissance *de l'âge du Cheval, et de la ferrure du pied.* 1 vol. in-18, orné de 24 fig. — 2 »

Engrais perdus dans les campagnes, par DELAGARDE. Nouvelle édition. 1 vol. in-18 — 1 50

Etudes agronomiques. Grande culture ; arbres forestiers et fruitiers ; bétail, etc., par BOSSON. 1 vol. in-18 — 3 50

Eucalyptus, culture, usages, etc., par RAVERET-WATTEL. 2e éd. 1 vol. in-18 — 1 50

Faisans, Colins, Canards mandarins, etc. par A. LEGRAND. 1 vol. in-18 — 2 »

Fourrages (*Valeur nutritive des*), par Isidore PIERRE. 4e édit. In-8 — 2 50

Graminées céréales et fourragères, rendement des diverses espèces, sols qui conviennent, etc., par DEMOOR. 1 vol. in-18, orné de 150 figures — 2 50

Guano du Pérou, composition, falsifications, etc. in-18 — » 30

Maïs et Sorgho sucré (*Alcoolisation des tiges de*). Alcool.-Cidre.-Bière.-Vins artificiels, par DURET. In-18 — » 75

Marne et Chaux. Leur emploi en agriculture, par Isidore PIERRE. In-18 — » 50

Matériel agricole (LE). Description des machines avec lesquelles on peut exécuter tous les travaux agricoles, par JOURDIER. 3e éd. In-18 orné de 16 gr. — 3 50

Médecine vétérinaire des bêtes à cornes, par COTTIER. In-18 — 1 »

Mouton. Élevage et maladies, par A. LEROY. 1 vol. in-18 — 2 »

Ortie de la Chine. Sa culture, par RAMON DE LA SAGRA. In-18 — 1 »

Ortie. Propriétés agricoles et industrielles, par ELOFFE. In-18 — 1 »

Pigeons. Leur éducation, par A. ESPANET. 3e édit. In-18 — 1 »

Porcheries (*De l'établissement des*), construction, etc., par GRANDVOINNET. in-18, 93 gravures — 2 50

Porcs (*Du traitement des*) aux différentes époques de l'année. in-18, 64 grav. — 2 »

Poules, Dindes, Oies et Canards, par Alexis ESPANET. 3e éd. in-18, fig. — 1 »

Prairies et fourrages dans les terres fortes et argileuses du Midi (*Traité pratique*), par A. DE SAINT-FÉLIX (1844). In-18 — 1 »

Récoltes dérobées (*Des*), comme fourrages et engrais verts, et culture de la MOUTARDE BLANCHE, traduit de l'anglais par J. A. G. In-18. fig. — » 75

Sang de rate des animaux d'espèces ovine et bovine, par I. PIERRE. In-18 — 1 »

Semailles en ligne (*Des*) et des semoirs mécaniques, par F. GEORGES. In-18 — » 50

Sorgho à sucre. Culture, etc., par MADINIER. In-8 — » 60

Sorgho à sucre (*Guide du distillateur du*), par F. BOURDAIS. In-18 — 1 »

Stabulation de l'espèce bovine, par PEERS. In-18 — 1 25

Végétaux (*Nutrit. des*) dans ses rapports avec les *Assolements*, par DE BABO. In-18 — 1 »

Visite à un véritable agriculteur praticien, par DURANT-SAVOYAT. In-18. — 1 50

GRANDE IMPRIMERIE (Soc. anon.). — G. V. LAROCHELLE, 16, rue du Croissant, Paris

L'AGRICULTURE

DE

L'AMÉRIQUE DU SUD

GRANDE IMPRIMERIE

(Société Anonyme),

G. V. LAROCHELLE, IMP., 16, RUE DU CROISSANT. — PARIS.

EXPLOITATION AGRICOLE

DANS LE NORD

DE LA

RÉPUBLIQUE ARGENTINE

PAR

PIERRE ANDRIEU

LA RÉPUBLIQUE ARGENTINE ET LA FRANCE.
CHACO AUSTRAL. — COLONIE OCAMPO. — LE COLON AGRICULTEUR.
CÉRÉALES, LEUR EXPORTATION. — ARACHIDE. — SÉSAME.
TABAC. — CANNE A SUCRE. — SORGHO. — COTON. — BÉTAIL. — FORÊTS.
MATIÈRES TANNANTES. — CHASSE.
PÊCHE. — BÉNÉFICES DU TRAVAIL ET DU CAPITAL.
CARTE DE LA RÉPUBLIQUE ARGENTINE

Prix : 2 Francs

PARIS

LIBRAIRIE CENTRALE D'AGRICULTURE ET DE JARDINAGE
RUE DES ÉCOLES, 62 (ANCIEN 82), PRÈS LE MUSÉE DE CLUNY
AUGUSTE GOIN, ÉDITEUR

INTRODUCTION

L'importance tous les jours plus grande de la production agricole de l'Amérique ; les services, selon les uns, que cette production est appelée à rendre à l'alimentation de nos populations ; la ruine, selon les autres, dont cette concurrence menace l'agriculture européenne ; les discussions passionnées que cette question soulève jusque dans les Parlements des pays qui se croient menacés, forment l'objet d'une étude qui ne cesse d'intéresser le public, et à laquelle nous venons apporter notre faible part de travail ; part bien faible en vérité, puisque nous n'allons nous occuper que des produits d'une partie de la République Argentine, laissant ainsi de côté tout le reste de l'Amérique du Sud et toute l'Amérique du Nord.

Le champ de nos observations sera donc borné à la seule région que nous connaissions bien, pour l'avoir étudiée de près; région qui est cependant tellement vaste, et susceptible d'un si large développement de richesses, qu'elle a frappé l'attention de tous ceux qui l'ont habitée. Elle a droit d'autant plus à être l'objet d'un examen attentif, que, de toutes les républiques hispano-américaines, c'est la République Argentine qui fait les progrès les plus remarquables, et se montre sous l'avenir le plus brillant.

En même temps, notre but est de signaler une œuvre agricole et de colonisation, à laquelle nous nous sommes entièrement dévoués. Le lecteur reconnaîtra, en parcourant ces quelques pages, que l'on ne pourra nous accuser de faire une description pompeuse d'un pays qui attire de nombreux émigrants. Ce serait un mauvais service à leur rendre; nous nous garderons donc de tout calcul problématique, de toute exagération et de tout enthousiasme déplacé. Nous ne voulons ni séduire ni enchanter; notre seul désir est de convaincre, par des arguments basés sur des faits bien précisés.

Personne ne doit ignorer que, quelque admirable que soit la nature, quelque favorable que soit le climat, quelque fertile que soit le sol, celui-ci ne nous cède aucun de ses produits sans exiger de nous une certaine quantité d'énergie, de patience et de travail. Même dans ces conditions, et quels que soient le savoir-faire, l'expérience et la vigueur du colon, il succombera bien souvent à la tâche, s'il n'a pas les avances nécessaires pour attendre que la terre le rémunère des premiers sacrifices qu'il aura faits pour la mettre en état de produire.

S'il est vrai qu'une exploitation peut donner la fortune plus souvent et plus vite en Amérique qu'en Europe, que l'on n'en cherche pas seulement la raison dans le bas prix des terrains, dans le chiffre peu élevé des impôts, dans la fécondité d'un sol qui permet les cultures extensives pendant de longues années, et dans la grande étendue des terres que l'on peut cultiver ; elle est tout autant dans le perfectionnement de l'outillage, dans l'économie du capital d'exploitation, et surtout dans l'ardeur que l'agriculteur apporte à ses travaux.

Cette énergie, cette ardeur à la lutte s'expliquent facilement. Lorsque l'homme vient s'établir au milieu d'une nature encore vierge, qu'il n'a à compter le plus souvent, comme conséquence d'une plus grande liberté, que sur son intelligence, son esprit d'initiative et ses seules

forces, qu'il a à créer et à perfectionner une œuvre agricole, avec le but bien déterminé d'en tirer
le meilleur profit possible, ne se trouve-t-il pas
dans la position la plus propice au développement de toutes ses facultés?

Mais en même temps faut-il que le colon soit
bien armé et bien préparé pour cette lutte paci-
fique. Les obstacles qui l'arrêtent ou qui le font
reculer sont si nombreux que, même dans les
contrées nouvelles où l'agriculture fait le plus de
progrès, les entreprises agricoles qui échouent
sont loin d'être rares. Tantôt il ira planter sa
tente dans des pays où il ne pourra s'acclimater,
tantôt, quelque bon agriculteur qu'il puisse être,
s'il ne dispose pas d'un capital suffisant, l'insuccès l'attend, parce qu'il n'a ni l'expérience du climat, ni la connaissance du sol, et que personne
n'est là pour lui donner des conseils; tantôt il
est indignement trompé, soit par ignorance, soit
par intérêt, par des spéculateurs en émigration;
tantôt il est attiré par les promesses de certains
gouvernements de bonne foi, mais dont les
agents infidèles s'enrichissent à ses dépens; tantôt enfin il ira s'établir dans des pays où le sol
sera de médiocre qualité, où le transport des
récoltes sera ruineux, où la sécurité fera défaut.

Ce sont là les tristes pages de l'histoire de la

colonisation, aussi bien dans l'Amérique du Nord que dans l'Amérique du Sud, qu'en Afrique et ailleurs. Souvent aussi l'émigrant qui succombe ne doit ses déconvenues qu'à son insouciance, quand ce n'est pas à son incapacité.

Mais tout est loin d'être noir dans ce tableau.

Dans ces mêmes pays, une prospérité générale rapidement croissante est l'indice infaillible de bien des succès partiels. Et, en effet, quoi de plus naturel que de voir ces deux agents du progrès, le travail et le capital, produire les plus grands bénéfices, lorsqu'ils sont appliqués par des agriculteurs sérieux à l'exploitation des terres, dans des contrées où le sol jouit d'une grande puissance de fertilité et ne coûte presque aucun loyer, où les conditions atmosphériques sont des plus favorables à la végétation, où les transports sont faciles et relativement peu coûteux, où l'expérience agricole existe déjà, où le climat est constamment salubre, malgré les défrichements, et où la sécurité est complète !

C'est dans une de ces heureuses contrées que nous habitons. Nous n'ignorons pas que la plupart des mécomptes qui ruinent et découragent le cultivateur, nouveau venu dans des pays cultivés depuis peu, tiennent au défaut d'expérience. Cette expérience, nous avons cherché à l'acquérir par des essais de culture répétés et par une patiente étude du climat, des qualités et des défauts du sol, du coût et de l'abondance de la main-d'œuvre, ainsi que du prix de revient des récoltes. En publiant cette brochure, résumé de nos travaux, nous avons voulu donner principalement un aperçu, aussi exact que possible, des chances de bénéfice que le colon peut attendre de son travail et de son capital, appliqués, dans cette partie de l'Amérique, à une exploitation agricole.

La colonie où nous sommes fixés a plusieurs années d'existence et elle possède quelques centaines d'habitants, agglomérés dans deux villages. A son début, elle s'est principalement occupée d'exploitation de bois ; elle a créé des ateliers, des scieries à vapeur, des routes et des ports, édifié divers établissements et organisé une flottille pour ses transports à travers le Parana. Elle s'est ensuite livrée à l'agriculture, et après être sortie de la période des tâtonnements, elle aborde actuellement une grande œuvre d'exploitation agricole, à laquelle elle peut consacrer 40.000 hectares de terres.

Créée par des Français sur les bords du Parana et au nord de la République Argentine, elle est une de ces nombreuses entreprises que nos compatriotes engagent aujourd'hui dans le monde entier et en particulier dans la République Argentine.

Comme nous allons l'expliquer, il est à remarquer, fait malheureusement trop rare, que c'est la France qui tient dans ce pays la tête sur toutes les nations, par son influence commerciale et industrielle et par l'importance de ses échanges.

L'AGRICULTURE

DE

L'AMÉRIQUE DU SUD

LA RÉPUBLIQUE ARGENTINE ET LA FRANCE

Son développement rapide. — Son commerce avec la France

Nous ne pouvons donner qu'un très court aperçu sur l'ensemble de ce pays, parce que nous nous éloignerions trop du sujet que nous avons à traiter.

D'une étendue égale à six fois celle de la France, la République Argentine s'étend entre la République de l'Uruguay et le Brésil à l'est, le Paraguay et la Bolivie au nord, le Chili à l'ouest et l'océan Atlantique au sud. Placée entre le 22ᵉ et le 55ᵉ degré de latitude sud, elle comporte tous les climats. Elle possède sous le nom de *pampas* des prairies immenses excessivement propices à l'élève du bétail. C'est là sa principale richesse, car elle y entretient actuellement plus de 60 millions de moutons et de 20 millions de têtes de gros bétail. Les produits de la culture du sol viennent au second rang, à une distance assez éloignée.

Sa population est de 2 millions et demi d'habitants, en majeure partie d'origine espagnole. Par rapport à sa surface, elle est quatre-vingt-quatre fois moins peuplée que la France. L'émigration européenne s'y dirige pour une fraction importante, plus de 11 pour 100, quand elle est de près de 70 pour 100 pour les États-Unis et l'Australie, et de 19 pour 100 pour la totalité des autres pays. La moyenne des dix dernières années du chiffre des émigrants qu'elle a reçus par an est de 40.000. Dans la décade précédente, elle ne s'élevait qu'à 11.000. Les Italiens, les Espagnols, les Français et les Suisses forment presque à eux seuls cette émigration, dont les deux tiers se fixent définitivement dans le pays.

Ses institutions politiques sont modelées sur celles des États-Unis ; elles sont donc des plus libérales. Son commerce avec l'Étranger s'élève à 500 millions de francs. C'est avec la France que ses échanges commerciaux ont le plus de valeur. L'importation consiste principalement en vins, alcools, sucre, tissus, vêtements, lingerie, mercerie, etc. ; l'exportation, en laines, peaux de bœufs et de moutons, suif, viande salée et séchée, céréales, etc.

Le développement de ses colonies agricoles permet aujourd'hui à la République Argentine d'exporter des quantités importantes de céréales, alors qu'elle était, il y a peu d'années, tributaire de l'Étranger pour ces mêmes produits. La culture de la Canne à sucre dans ses provinces du Nord est appelée à un grand avenir et fait des progrès très sensibles.

Elle a environ 3.000 kilomètres de chemins de fer en exploitation ; un développement de 20.000 kilomètres de fils télégraphiques ; un service postal bien organisé ; un enseignement public largement doté ; une marine marchande de 140.000 tonnes. Si l'on tient compte de sa population, elle peut être classée parmi les nations qui font le plus d'efforts pour s'élever dans la civilisation.

Son revenu est de 90 millions de francs, non compris le revenu particulier de chaque province. Sa dette est de 400 millions de francs[1]. Son crédit s'améliore d'autant plus qu'elle a toujours scrupuleusement fait le service de sa dette, et qu'elle donne une grande extension à ses travaux publics.

Un signe caractéristique de progrès, c'est que l'importance du commerce, les revenus de l'État, la richesse générale doublent tous les dix ans. — Aujourd'hui que ses institutions politiques viennent de s'affermir, en faisant de Buenos-Ayres la capitale définitive de la République, les affaires prennent un essor encore plus considérable.

Rien ne montre mieux l'étendue des intérêts qui lient la France à la République Argentine que de relever le rang que cette dernière occupe dans le commerce général de notre pays. Elle arrive la neuvième, et immédiatement après les États-Unis.

Il est évident que les nombreux Français qui sont établis dans cette partie de l'Amérique du Sud contribuent pour une large part à l'importance de ces relations. Au point de vue du développement de notre commerce, de nos industries et de notre marine

1. Ce chiffre comprend les 62 millions émis à la fin mai 1881 sur la place de Paris.

marchande, nous croyons qu'une plus grande émigration française sous ce climat si salubre nous serait infiniment profitable, malgré l'esprit de retour qui n'abandonne presque jamais nos compatriotes, quels que soient les avantages qu'ils trouvent à l'Étranger. Nous ne manquons certes pas d'hommes capables, entreprenants et laborieux ; nous ne manquons pas non plus de ce qui est l'âme des affaires, le capital ; pourquoi ne ferions-nous pas comme les Anglais qui doivent en partie leur supériorité commerciale à la grande extension de leur race sur toutes les parties du globe ? Tous les hommes qui s'occupent de cette question ne cessent de répéter que nous sommes trop casaniers et que si nous voulons créer des débouchés à nos produits et à toutes ces industries qui sont notre gloire et pour lesquelles nous n'avons pas de rivaux, nous devrions aller davantage vivre au milieu des autres peuples.

Les moyens de communication entre l'Europe et la République Argentine sont des plus fréquents. Pour la France seulement, nous avons au Havre, à Marseille et à Bordeaux, trois lignes de grands paquebots qui ont un service mensuel ou bi-mensuel avec Buenos-Ayres et desservent en même temps le Brésil et l'Uruguay. La traversée est de 25 jours et se fait dans de très bonnes conditions de confortable. Le fleuve de la Plata (Rio de la Plata), sur les bords duquel sont bâties les villes de Buenos-Ayres et de Montevideo, est un immense estuaire formé par la réunion des rivières du Parana et de l'Uruguay. Sa largeur est d'abord de 50 kilomètres et atteint à son embouchure plus de 170 kilomètres. Il forme avec le Parana, qui est son principal affluent, une magnifique voie de communication intérieure. Le Parana prend sa source dans le Brésil à 4.500 kilo-

mètres dans le nord-est ; son volume d'eau égale celui
de tous les fleuves d'Europe réunis. Dans le dernier
quart de son parcours, à partir du confluent de la
rivière du Paraguay, il n'a jamais moins de 10 kilomètres de largeur. Il est fréquenté par un nombre
considérable de navires, mais c'est à Rosario, distant
de Buenos-Ayres de 400 kilomètres, que s'arrêtent
ceux d'outre-mer qui ont un fort tirant d'eau.

Buenos-Ayres, capitale de la République, et dont la
population atteint 275.000 habitants, est une grande
et belle ville, centre principal du commerce de tout le
pays. Rosario vient ensuite comme importance commerciale. Cette ville, placée à la tête du chemin de fer
qui dessert la plupart des provinces des Andes, prend
tous les jours une plus grande extension ; sa population atteint 30.000 âmes.

La République Argentine comprend 14 provinces et
divers territoires qui se divisent au point de vue géo-
graphique de la manière suivante [1] :

1° *Mésopotamie Argentine*, comprise entre les rivières
du Parana et de l'Uruguay, composée des provinces
d'Entre-Rios, de Corrientes et du territoire des Missions.

2° *Pampasie* ou *région des Pampas*, comprenant le
territoire du Chaco, les provinces de Santiago-del-
Estero, Santa-Fé, Cordova, San-Luis, Buenos-Ayres et
le Territoire-Indien-du-Sud.

3° *Région des Andes* avec les provinces de Juguy, de
Salta, de Tucuman, de Catamarca, de la Rioja, de
San-Juan et de Mendoza.

1. *Description de la Confédération Argentine*, par le docteur
V. Martin de Moussy. Paris, Firmin-Didot, 1864.

4° *Patagonie* s'étendant à l'est des Cordillères, du Rio-Negro au détroit de Magellan.

Le climat de la République Argentine est réputé pour sa salubrité. Comme comparaison, nous dirons qu'il est plus doux que celui de la région méditerranéenne de la France et que celui d'Alger. Voici les moyennes de température de quelques villes argentines en degrés centigrades :

	Latitude —	Températ. moyenne de l'hiver.	Températ. moyenne de l'été.	Températ. moyenne de l'année.
Bahia-Blanca	38° 41	— 9° 10	— 24° »	— 16° 10
Buenos-Ayres	34° 37	— 11° »	— 23° »	— 17° »
Santa-Fé	31° 40	— 13° »	— 26° »	— 19° 40
Cordova	31° 26	— 10° »	— 25° »	— 18° »
Corrientes	27° 27	— 15° 40	— 27° »	— 2J° »
Santiago-del-Estero	27° 47	— 15° »	— 28° »	— 20° 50
Tucuman	26° 52	— 15° »	— 28° »	— 21° »
Colonie Ocampo, au Chaco	28° 30	— 16° 50	— 24° 20	— 20° 20
Midi de la France		5° 08	— 22° »	— 14° 60
Alger		13° 30	— 25° 30	— 19° »

La région des Pampas, depuis Buenos-Ayres jusqu'au nord du Chaco, représente une plaine immense qui s'avance de plus de 1.500 kilomètres dans l'intérieur et ne s'élève à cette distance qu'à 80 mètres au-dessus du niveau de la mer. Largement ouverte du côté de l'Atlantique, elle est presque constamment sous l'effet des vents de la mer qui ne sont arrêtés par aucun obstacle et contribuent à rendre la température très égale et très modérée pour la latitude. Comme le fait observer M. de Moussy, dans la région traversée par le

Parana, la température moyenne croît à peu près régulièrement d'un demi-degré centigrade par degré de latitude. Dans presque toute la région des Andes, l'hiver est relativement plus froid et une plus grande absence de pluies tend à rendre les terres moins fertiles.

Le territoire du Chaco, ou territoire des Indiens-du-Nord, est divisé en Chaco Boréal et en Chaco Austral, séparés par la rivière du Vermejo qui court du nord-ouest au sud-est et se jette dans le Paraguay. C'est dans le Chaco Austral que se trouve la colonie Ocampo, l'exploitation agricole dont nous allons nous entre-tenir.

LE CHACO AUSTRAL

Les provinces de la République Argentine forment, en quelque sorte, chacune un gouvernement avec Chambres électives et pouvoir exécutif. Il n'en est pas de même des *territoires*, pays aussi peu peuplés que peu civilisés, qui, par suite, dépendent du Gouvernement national sous tous les rapports, tandis que les provinces n'en relèvent que pour ce qui touche aux intérêts généraux de la nation seulement.

Le Chaco Austral se trouve sur la rive droite du Parana et du Paraguay, au nord de la province de Santa-Fé. Il forme la limite est des provinces de Santiago-del-Estero et de Salta. Il est représenté par une vaste plaine d'une faible altitude au-dessus du niveau de la mer, où se succèdent de fertiles prairies et des forêts d'une grande richesse. Ses habitants sont des Indiens, qui vivent des produits de la chasse et de la pêche, et qui y forment diverses tribus gouvernées par des *Caciques*. Leurs villages sont appelés *tolderias* et se composent de *toldos*, sortes de petites huttes en paille, recouvertes parfois de peaux, qu'ils construisent en très peu de temps. Aussi se déplacent-ils facilement et n'occupent-ils pas toujours les mêmes lieux. Le nombre de ces Indiens est difficile à évaluer, mais presque insignifiant par rapport à la surface occupée : cinq mille, peut-être. Plusieurs vivent en bonne intelligence avec les habitants des provinces voisines,

auxquels ils aident dans leurs travaux de culture.
Nous-mêmes en employons quelquefois à la colonie
Ocampo. « Ils sont d'un teint cuivré [1], sans barbe ni
« moustache, les cheveux noirs et raides, remarqua-
« bles par la beauté classique de leurs attitudes, la
« petitesse des pieds et des mains, et leur grande
« pureté de formes qui rappelle celle de la statuaire
« grecque.

« L'expression mélancolique de leur regard, la dureté
« sauvage de leurs traits, les déparent à l'ordinaire,
« quoiqu'il ne soit pas rare de retrouver parmi eux,
« par suite d'unions formées avec des captifs créoles,
« de très beaux types et des figures d'une régularité
« antique.

« Les lieux habités par les Indiens sont très beaux
« et très fertiles, dit le P. Constancio-Ferraro qui a
« habité parmi eux [2]. Ce sont d'immenses prairies
« d'un vert très vif, abritées par des arbres et baignées
« de nombreux ruisseaux dont plusieurs sont salés.

« Quoique l'on n'y trouve pas la diversion de collines
« et d'éminences, la monotonie de la plaine est rompue
« par des lacs [3] profonds, entourés d'arbustes fleuris
« qui surprennent agréablement les regards du voya-
« geur. Le palmier, accompagné d'autres arbres d'une
« grandeur et d'une beauté orientales, élève sa tête
« majestueuse au-dessus des plaines ; tout auprès, des
« cactus gigantesques déploient leurs grandes feuilles

1. *La République Argentine*, page 97, par Beck-Bernard, ancien
directeur de la colonie de San-Carlos, près de Santa-Fé, Lau-
sanne, 1865.

2. Du même auteur, page 23.

3. Ces lacs ne se forment souvent que dans la saison des
pluies et n'ont pour la plupart qu'une faible profondeur. (*Note
de l'auteur.*)

« cartilagineuses et offrent hospitalièrement au voya-
« geur un fruit savoureux. Les bois, qui succèdent aux
« plaines et alternent avec elles, contiennent tous les
« arbres les plus nobles et les plus utiles dont l'Amérique
« du Sud peut s'enorgueillir ; par-dessus et alentour de
« ces arbres, mille plantes forment des berceaux de
« fleurs et de parfums, où la *pasionaria* entrelace ses
« tiges de bambou en bambou ; beaucoup d'autres
« plantes parasites, éclatantes de couleurs, ornent les
« branches les plus élevées de leurs fleurs et de leur
« feuillage, et la gracieuse *orchidée*, attachée aux
« branches inférieures, est balancée par la brise,
« qu'elle imprègne du parfum de ses fleurs aériennes. »

Le Chaco renferme des essences forestières précieuses dont plusieurs sont exploitées sur les bords du
Parana et du Paraguay. On y trouve, ainsi que dans les
prairies, du gibier de toutes sortes. Aucun animal cependant n'y attaque l'homme. Les cours d'eau abondent en oiseaux aquatiques et sont parcourus par
d'innombrables légions de poissons offrant une nourriture abondante et facile.

« Le climat, » dit M. Martin de Moussy avec beaucoup
de justesse, « est celui de la province de Corrientes ;
« une température de 20° en moyenne, un ciel presque
« toujours pur, des brises fréquentes et salutaires, des
« pluies au printemps, en automne, et souvent même
« pendant l'été [1]. »

Les colonies sont encore peu nombreuses dans le
Chaco et de création récente, mais elles tendent à s'y
multiplier. Le gouvernement national, qui entrevoit
avec raison un avenir superbe pour cette région

1. *Description de la Confédération Argentine* de Moussy. —
Tome III, page 334.

jusqu'à ce jour délaissée, fait des dépenses importantes et des efforts très louables pour y créer sous sa direction des établissements agricoles. D'un autre côté, plusieurs exploitations s'y organisent, à l'effet d'y cultiver la canne à sucre.

C'est une contrée à peine ouverte à la charrue du colon, mais qui ne tardera pas avant quelques années d'être citée pour la richesse et la variété de ses produits agricoles.

Projet de construction d'un chemin de fer à travers le Chaco Austral.

Depuis longtemps, diverses tentatives ont été faites pour mettre la province de Corrientes en communication avec les provinces andines du nord de la République et avec la Bolivie. On a étudié, sans aboutir à aucun résultat, la navigation du Rio-Vermejo, ainsi que l'établissement d'une route allant du Rio-Parana, en face de la ville de Corrientes, à Santiago-del-Estero. Un chemin de fer résoudra la question. Nulle part on ne peut établir une voie ferrée dans des conditions aussi avantageuses. Une plaine unie ; une seule rivière un peu importante à traverser, le Rio-Juramento[1] ; des forêts de chaque côté de la voie fournissant du combustible, et d'excellentes traverses en bois imputrescible, en rendront la construction facile. Quant au trafic, il serait largement assuré.

Cette voie ne peut partir, sur les bords du Rio-Parana, que de la colonie Ocampo, parce que Bella-Vista qui est en face est le centre du commerce de la province de Corrientes. Cette province a une production en gros bétail d'une richesse extraordinaire ; elle fournirait, en bœufs, chevaux et mules, la Bolivie et le Pérou qui en manquent

1. Appelé aussi Rio-Salado.

et s'approvisionnent actuellement à Juguy et à **Salta**, à des prix très élevés, parce que la production du gros bétail y est là moins propice que du côté de Corrientes. De **la** colonie Ocampo, le chemin de fer se dirigerait en droite ligne sur Santiago-del-Estero et ensuite monterait vers le nord en suivant le pied des derniers contreforts des Andes jusqu'à Oran et jusqu'en Bolivie. Toute cette région des Andes, riche par ses mines et par ses productions agricoles, favorisée en été par les pluies, donnerait un trafic important en métaux venant de la Bolivie, en sucre (la culture de la canne s'y étend chaque année considérablement), en tafia, café, coton, vins, céréales, bois précieux, et grand nombre d'autres produits qui attendent pour se développer l'établissement d'une voie de transport.

De la colonie Ocampo à Santiago-del-Estero, la distance est de 600 kilomètres. De ce dernier point à Oran, elle est à peu près semblable. Dans la première partie, la différence d'altitude est de 115 mètres seulement; dans la deuxième partie, de 150 mètres. Ce chemin se développerait donc en pays presque plat, coûterait peu et ne tarderait pas, comme toutes les voies ferrées déjà faites dans la région Argentine, à donner de larges bénéfices.

LA COLONIE OCAMPO

Position. — Aspect général. — Sol. — Climat

Pour se rendre de Buenos-Ayres à la colonie Ocampo, on remonte le Parana, sur un de ces nombreux vapeurs qui font le service entre cette ville et les ports des provinces de Santa-Fé, d'Entre-Rios, de Corrientes, de la République du Paraguay et de l'ouest du Brésil. On descend à *Bella-Vista* sur la rive gauche de la rivière, port central de la province de Corrientes. C'est une ville de trois mille âmes, remarquable par ses beaux bois d'orangers, dont le fruit est un des produits du pays. La colonie est en face, de l'autre côté de la rivière. Durée totale du voyage : trois jours.

En prenant pied sur cette terre du Chaco, on a devant soi une plaine aux ondulations allongées. C'est une vaste prairie, dont les graminées à l'époque de leur maturité dépassent la hauteur d'un homme, et sont l'indice de la fertilité du sol. De grands massifs de forêts forment des îles dans cet océan de verdure, et bordent l'horizon de longues taches d'un vert sombre. A l'est, court le Parana, divisé en deux branches, le grand Parana sur la rive gauche, le Parana-Mini sur la rive droite, distants l'un de l'autre de 20 kilomètres et séparés par des îles d'une riche végétation.

A l'ouest, se trouve une petite rivière, le Rio-Amore, pas plus importante que la Marne et plus tortueuse que la Seine. Le paysage ne manque donc pas d'être varié.

L'abondance du gibier et du poisson, la douceur du climat, la beauté du ciel, la pureté exceptionnelle de l'air, engagent le colon à venir planter sa tente dans une contrée si agréable.

Cependant, depuis que celui-ci y multiplie ses travaux, les cerfs, les sangliers, les autruches, s'éloignent dans l'intérieur et font place à des troupeaux de bœufs et de chevaux ; les routes sillonnent la prairie et traversent les forêts ; des constructions s'élèvent et des villages se forment ; de grands espaces labourés remplacent sur divers points le gazon de la prairie et se couvrent de plantes utiles à l'homme ; un vapeur, de nombreux bateaux, donnent du mouvement au port de la colonie ; une vie nouvelle se fait sentir : avec la civilisation disparaît le silence de ces solitudes.

La colonie Ocampo est située par 28° 30' de latitude et environ 62° de longitude ouest. Elle est directement à 6° de latitude au nord de Buenos-Ayres et à 90 kilomètres de la province de Santa-Fé. Fondée vers la fin de 1877 [1], elle a en ce moment près de quatre années d'existence. Son étendue est de 40.000 hectares représentés par un carré exact de 20 kilomètres de côté. Sur ces 40.000 hectares, un cinquième est occupé par les bois, et un vingtième par des parties basses couvertes parfois par les eaux ; les 30.000 hectares qui restent

---

1. C'est notre frère, Jules Andrieu, ancien officier de la marine française, qui en fut, avec le concours de M. Manuel Ocampo Sumanès, consul du Pérou à Buenos-Ayres, un des fondateurs et qui en est aujourd'hui le directeur.

sont constitués par des prairies, toutes susceptibles d'un défrichement facile.

Si l'on veut bien se rendre compte des difficultés particulières que présente la création d'un établissement dans un pays inhabité, où naturellement tout est à faire, avec un personnel dont on ignore souvent les aptitudes quand on le choisit, on reconnaîtra que les conditions dans lesquelles nous nous trouvons placés aujourd'hui, pour mener à bonne fin notre entreprise agricole, sont singulièrement favorisées par les travaux que nous avons dû exécuter dans nos années de début.

Pour établir à travers les îles du Parana nos communications avec Bella-Visita, il a fallu nettoyer, par un travail aussi pénible que coûteux, un chenal d'une grande longueur, le *Natucito*, alors tout encombré de troncs d'arbres et de grandes plantes aquatiques, et en ce moment très navigable.

Il a fallu ensuite, pour opérer facilement et en tous temps les chargements et déchargements de nos navires, sur une côte chaque année inondée par le Parana, construire une haute chaussée sur une longueur de 2 kilomètres [1].

L'installation de scieries à vapeur, la construction de chars à grandes roues et de chalands de transport ont exigé l'organisation de plusieurs ateliers. Dans la première période d'occupation, avant que nos logements fussent construits, que les cultures commençassent à donner quelques produits, que nos approvi-

---

1. Le point d'atterrissement, où se trouve notre port, est un des meilleurs sur la rive du Chaco. L'inondation ne pénètre dans les terres qu'à 2 kilomètres, avec 1 mètre d'eau dans les fortes crues. Après, le terrain se relève brusquement de 8 mètres et continue ensuite à s'élever en pente douce.

sionnements du dehors fussent régulièrement assurés, qu'une boulangerie fût installée, qu'une boucherie fût convenablement organisée, nous avons dû vivre dans un bien-être, qui, comme on juge, était loin d'être complet. Ces travaux sont aujourd'hui acquis à ceux qui viennent se joindre à nous, et qui, dès leur arrivée, trouvent un logis préparé à l'avance et presque le même confortable et les mêmes ressources qu'ils pouvaient avoir en Europe. C'est toujours aux premiers occupants que revient la part la plus rude, heureux encore d'en pouvoir triompher.

SOUS-SOL. — TERRE ARABLE

Le pays appartient à la formation tertiaire connue sous le nom de terrain pampéen. Des couches énormes d'alluvions, composées de débris de terrains primitifs et volcaniques, sont venues le recouvrir. On y trouve de l'argile propre aux travaux céramiques, et, considération importante pour l'agriculteur, à 6 mètres de profondeur, se trouve, dans une couche de sable, une nappe d'eau inépuisable et excellente pour les irrigations. La couche superficielle, ou arable, dont l'épaisseur n'est pas moindre de 0^{m},50 cent., et atteint quelquefois 1 mètre, est formée des mêmes éléments que le sous-sol, avec l'*humus* en plus. La composition physique et chimique de cette couche n'offre presque aucune différence d'un point à un autre. Comme le montre l'analyse que nous donnons plus loin, le terrain est sablo-argileux et très humifère.

A juger des caractères extérieurs de cette terre, on ne se doute pas de la quantité de sable qu'elle renferme ; celui-ci est tellement fin qu'il donne au sol un aspect plastique assez prononcé, et fait croire à la prédominance de l'argile, quand c'est le contraire qui a lieu. On ne trouve pas le moindre petit caillou, si ce

n'est quelques concrétions calcaires ou ferrugineuses
à plusieurs mètres de profondeur. Depuis des siècles
une végétation constante accumule ses détritus dans
ces terres, qui sont aujourd'hui très propres à être
cultivées pendant une longue série d'années, sans qu'il
y ait nécessité de les fumer. Nous avons eu le soin dans
notre analyse de n'indiquer, parmi les principaux sels
que les végétaux demandent au sol, que les quantités
qui peuvent être assimilées par ceux-ci, et qui, seules,
indiquent réellement le degré de fertilité d'une terre.
C'est ainsi que les débris sableux qui ont pour origine
des roches feldspathiques, et c'est ici notre cas, sont
riches en acide phosphorique et en potasse à l'état
insoluble, que nous jugeons inutile d'indiquer. Dans
la fertilité d'une terre il y a encore à considérer le
climat. Là où il y a chaleur et humidité les végétaux
se développent bien mieux que dans un sol absolument
identique, mais moins bien favorisé sous ce rapport. Il
est enfin reconnu que la fertilité est en proportion de
l'épaisseur de la couche arable, dont il faut par consé-
quent tenir compte. Nous croyons nécessaire de bien
indiquer le sens exact que nous attachons à une analyse de terres, c'est ce qui motive ces observations.
L'épaisseur de la couche arable est considérable; le
climat, comme nous le verrons plus loin, est excellent
pour les végétaux; de plus, le sol renferme des quantités importantes de tous les éléments nécessaires à la
nourriture de ces derniers; nous pouvons donc affirmer
que nous avons affaire à un terrain très fertile, avec
d'autant plus de raison que nous avons à l'avance,
dans la riche production fourragère des prairies, une
preuve incontestable de cette fertilité.

L'analyse de notre terre a été faite au laboratoire de
chimie agricole, du Conservatoire des arts et métiers

de Paris, d'après les méthodes de M. Schlœsing. Nous en avons pris l'échantillon avec le plus grand soin, sur diverses pièces labourées depuis plusieurs années, et sur un nombre de points suffisants pour avoir une moyenne exacte.

Un kilogramme de cette terre renferme :

	Grammes.	
Sable fin	832	»
Argile	72	»
Acide humique	18	»
Matière organique insoluble dans les alcalis.	19	92
Azote	1	62
Carbonate de chaux	6	»
Carbonate de magnésie	0	20
Potasse	0	30
Acide phosphorique	0	56
Humidité	49	40
Total	1000	00

La terre est noire quand elle est humide, gris foncé quand elle est sèche. Desséchée et tassée, elle pèse au mètre cube 996 kilogrammes, poids peu considérable qui est dû au volume que prennent les matières organiques. Les bonnes terres à blé de Roumanie pèsent 1.300 kilogrammes ; la terre noire de Podolie (Russie), réputée pour sa fertilité, pèse 1.204 kil. Dans nos terres arables en France, ce poids varie entre 1.200 et 1.800 kilogrammes.

Les qualités hygroscopiques sont précieuses à connaître. Alors qu'une terre arable absorbe en moyenne 50 litres d'eau pour 100 kilogr. de terre sèche ; qu'une bonne terre de jardin en absorbe 89 litres ; que l'humus pur en absorbe 190 litres, la terre du Chaco en absorbe 140 litres. Voici, comme comparaison, une analyse des terres de la ferme d'Uladouka en Podolie, terre noire de Russie, sans fumure. — (Grandeau, *Journal d'agriculture pratique*, 1872). — Couche arable.

Un kilogramme contient :

Sable	824 50
Alumine	36 40
Soude	0 12
Potasse	2 54
Magnésie	0 54
Chaux	5 20
Chlore	0 06
Acide sulfurique	0 07
— phosphorique	1 59
— carbonique	3 20
Silice soluble	2 80
Matières volatiles (calcination)	71 00
Eau	60 50

Les bonnes terres à blé de la Roumanie, celles du Mississipi, dans la partie sud où on cultive la canne à sucre et le coton, ont une composition chimique et physique qui les rapproche beaucoup de celles du Chaco. — Pour ne pas trop nous étendre sur ce sujet, nous supprimons le détail de ces analyses comparatives.

LE CLIMAT

« Le sol, avec sa composition et les modifications
« qui s'y produisent chaque jour, sous l'influence des
« agents atmosphériques, et sous l'action de la cul-
« ture et des plantes qu'il nourrit, est une des bases
« fondamentales de l'agriculture.

« Mais le sol étant donné, les allures des saisons et
« leurs intempéries viennent dominer la quantité et
« la qualité des produits qu'on en tire [1]. »

L'agriculteur connaît tellement l'importance des
considérations qui précèdent qu'il n'a pas de plus
grand souci que d'estimer les probabilités des changements de temps, qui doivent se produire dans chaque
saison. Si les observations météorologiques sont partout utiles pour lui, elles sont indispensables dans une
région où l'expérience agricole n'existe pas encore.
C'est en faisant de nombreux essais de culture, et en
notant les diverses influences climatériques qu'ils su-
bissent, que, par des comparaisons successives, son
jugement se formera dans le moins de temps possible.

Nos observations ont été faites pendant les années
1879 et 1880; nous donnons la moyenne des résultats,
en faisant remarquer que, dans cette région et sous
cette latitude, de même que les saisons n'ont pas une

---

1. Le docteur Marié Davy. — *Annuaire de l'Observatoire de Montsouris*, 1881.

grande différence entre elles, de même on ne constate pas de grandes différences climatériques d'une année à l'autre.

Température. — Le thermomètre étant placé à l'ombre et à l'exposition du nord, nous avons obtenu les moyennes de température, en degrés centigrades :

$$
\begin{array}{ll}
\text{Hiver} \dots\dots\dots\dots & 16^\circ\ 44 \\
\text{Printemps} \dots\dots\dots & 19^\circ\ 57 \\
\text{Eté} \dots\dots\dots\dots & 24^\circ\ 20 \\
\text{Automne} \dots\dots\dots & 20^\circ\ 70 \\
\end{array}
$$

La moyenne de température pour l'année est de 20° 23. La différence de température moyenne entre l'hiver et l'été n'est que de 7° 76, ce qui indique à la fois un climat doux et tempéré. Les températures extrêmes de l'été ne dépassent pas 35° et se montrent en décembre, janvier et février, tandis qu'en hiver elles ne descendent pas au-dessous de zéro. Ce dernier cas se produit tout aussi bien à la fin de l'automne ou au commencement du printemps. Alors que le ciel est pur, que le baromètre est haut et que le vent est au sud, des gelées blanches peuvent se produire ; aussi convient-il de ne semer qu'après septembre le tabac, les haricots, les tomates, les pommes de terre et le maïs, ou bien faut-il prendre des précautions pour que ces plantes puissent être préservées. Remarquons en passant que l'hiver, sous l'hémisphère austral, commence le 21 juin : les saisons sont à l'inverse de notre hémisphère. Comme comparaison, voici les moyennes de température relevées au Jardin d'essai à Alger.

$$
\begin{array}{ll}
\text{Hiver} \dots\dots\dots\dots & 13^\circ\ 3 \\
\text{Printemps} \dots\dots\dots & 17^\circ\ 1 \\
\text{Eté} \dots\dots\dots\dots & 25^\circ\ 3 \\
\text{Automne} \dots\dots\dots & 20^\circ\ 3 \\
\end{array}
$$

La moyenne de l'année est 19°. La différence entre la moyenne de l'hiver et celle de l'été est de 12°. A Alger, l'été est donc plus chaud et l'hiver est plus froid qu'à la colonie Ocampo. Nous en avons l'explication dans la différence des saisons pluvieuses.

Pression atmosphérique. — La hausse du baromètre indique le plus souvent des vents du sud ou sud-est, et la baisse annonce des vents de la région nord. La pression moyenne corrigée est de 757 ᵐᵐ. Elle est en été de 751,3 et en hiver de 759,7, différence qui tient à ce que l'été est beaucoup plus pluvieux que l'hiver. Les pressions maxima ne dépassent pas 778ᵐᵐ et les minima ne vont pas au-dessous de 742, ce qui est alors un signe de grande pluie et de passage d'une forte bourrasque d'entre nord et ouest.

Observations pluviométriques. — Voici les sommes mensuelles des tranches d'eau de pluie ainsi que le résultat par saisons et pour l'année :

Printemps.	Septembre	0.046		
	Octobre	0.069	—	0ᵐ 217
	Novembre........	0.102		
Été........	Décembre........	0.148		
	Janvier	0.298	—	0ᵐ 631
	Février	0.185		
Automne ..	Mars............	0.200		
	Avril.............	0.091	—	0ᵐ 371
	Mai	0.080		
Hiver......	Juin	0.044		
	Juillet...........	0.048	—	0ᵐ 147
	Août............	0.055		

Tranche d'eau de pluie pour l'année..   1ᵐ 366

Comme on peut le remarquer, plus il fait chaud et plus il pleut, l'hiver étant généralement sec. C'est ce qui explique la modération des chaleurs en été à cause de la grande évaporation qui se produit à la suite des pluies. C'est ce qui explique encore la riche production des prairies, qui, la qualité du sol aidant, n'ont pas à craindre ces longues sécheresses, qui sont si nuisibles à l'élève du bétail dans les provinces plus au sud, dans l'Uruguay et dans l'ouest du Brésil.

A mesure que l'on descend vers le sud, dans les provinces baignées par le Parana et le Rio de la Plata, la quantité d'eau de pluie est plus faible pour l'année, quoique plus forte en hiver. D'après le Dr Burmeister, il tomberait 831^{mm} d'eau à Buenos-Ayres, dont 185^{mm} en hiver.

Etat du ciel. — De nombreuses expériences agricoles montrent aujourd'hui l'action importante de la lumière que l'on considère comme aussi nécessaire que la chaleur et l'humidité au travail de nutrition des végétaux. En admettant que ces dernières conditions existent, plus la plante est éclairée et plus sa bonne fructification est assurée. Il faut toutefois remarquer qu'une lumière trop intense, un rayonnement trop prononcé nuisent, dans les contrées où au printemps et en été la sécheresse est longtemps persistante, et c'est ce qui ne se produit que trop en Algérie, où il ne pleut souvent qu'en automne et en hiver.

A la colonie Ocampo, nous nous trouvons dans de très bonnes conditions de chaleur et d'humidité; celles d'éclairement le sont aussi, un ciel simplement nuageux jouissant encore d'un grand pouvoir éclairant. Sur 100 jours, ceux où le ciel est beau, nuageux ou couvert, se répartissent dans les proportions suivantes :

	Ciel beau	Ciel nuageux	Ciel couvert	Totaux
Hiver..................	54	17	29	100
Printemps.............	64	17	19	100
Eté..................	57	25	18	100
Automne.............	64	18	18	100
Pour l'année entière :	60	19	21	100

Vents régnants. — Comme force, nous avons relevé sur 1.000 observations, les proportions suivantes (les observations étant faites le matin, au milieu de la journée et le soir) :

Tempêtes.............	3
Vent très fort.........	30
Vent fort.............	110
Bonne brise.........	130
Petite brise..........	200
Vent faible..........	470
Vent nul.............	57
	1.000

Les tempêtes viennent presque toujours du nord, de l'ouest et du sud. Elles paraissent le plus souvent se former à l'ouest, au pied des Andes, s'avancer très rapidement vers le sud-est, en traversant les Pampas, et se diriger ensuite lentement vers l'est. La projection de la trajectoire de leur centre de rotation affecterait ainsi la forme d'une courbe ouverte vers le nord et le nord-est.

La situation de notre colonie au milieu d'une immense plaine qui est très ouverte du côté de l'Atlantique, et ne se trouve qu'à une très faible altitude, en se développant vers le nord et nord-est, dans les mêmes conditions, explique la fréquence des vents, et leur température relativement régulière puisqu'ils sont rafraîchis ou radoucis, selon la saison, par l'immense nappe d'eau du Parana. La salubrité remarquable du climat n'a sans doute pas d'autre cause que ces heureuses conditions de ventilation. Le tableau qui suit est la proportion pour cent des vents régnants :

	N.	N.-E.	E.	S.-E.	S.	S.-O.	O.	N.-O.	Totaux.
Hiver	8	19	18	15	29	9	0	2	100
Printemps	9	13	27	14	25	8	3	1	100
Été	4	16	12	19	33	11	2	3	100
Automne	4	46	6	8	28	6	0	2	100
Année	6	23	16	14	29	9	1	2	100

Les Andes gênent l'action des vents du côté de l'ouest. Aussi, sur une moitié de l'horizon, nord, nord-ouest, ouest et sud-ouest, sont-ils rares par rapport à l'autre côté. Nous ajouterons qu'ils y sont d'une très courte durée. Une remarque intéressante, c'est que les vents d'ouest succèdent à ceux du nord, les vents du sud à ceux d'ouest, les vents d'est à ceux du sud, les vents du nord-est à ceux d'est. Les changements de vents se produisent presque toujours dans le sens du mouvement des aiguilles d'une montre.

Cet aperçu sur l'aspect général du climat de cette partie du Chaco suffit pour indiquer les avantages qu'il offre au colon, et nous aidera en même temps à mieux expliquer les diverses cultures auxquelles il peut se livrer.

Des défrichements, de l'installation du colon et des avances qui lui sont nécessaires. — L'extrême divisibilité du sol, sa richesse en humus et en sels assimilables par les plantes, les bonnes conditions de chaleur, de lumière et d'humidité du climat, nous indiquent la diversité des cultures que l'on peut entreprendre. Nous citerons principalement la plupart des céréales et des plantes oléagineuses, le tabac, le coton, la canne à sucre, le manioc, les plantes textiles, celles qui forment la base des prairies artificielles, tous les légumes et tous les arbres fruitiers d'Europe. Quant à l'élève du gros bétail, il ne trouverait pas ailleurs de meilleures chances de succès.

Les défrichements ne sauraient être plus faciles et plus économiques. Ni racines, ni souches, ni pierres à enlever, aucun nivellement à faire. Une charrue avec deux paires de bœufs défriche un hectare en trois jours, et les labours qui suivent n'exigent plus qu'une paire de bœufs. A cause des pluies dans la saison chaude, une récolte d'été ou d'automne suit, sur le même terrain, une récolte de printemps. Ces deux récoltes successives sont même nécessaires, pour empêcher l'envahissement du sol par les plantes sauvages qui ne cessent de pousser toute l'année, ainsi qu'il arrive dans tous les terrains fertiles.

Les ouvriers sont payés à raison de 50 à 80 fr. par mois, selon leurs aptitudes agricoles. Ils sont logés et reçoivent une ration d'une valeur de 20 fr. par mois. Celle-ci est composée pour un jour de 1 k. 400 de viande fraîche de bœuf, d'une livre de pain, quelquefois de café et de sucre. La viande de bœuf ne revient qu'à 30 centimes le kilogramme ; aussi en fait-on une consommation énorme dans ces riches pays d'élevage. La journée de l'ouvrier revient en moyenne à 4 fr. ; celle de la femme, à la moitié. Une paire de bœufs pour le labour coûte 200 fr., un cheval 50 fr. et leur entretien n'exige presque aucune dépense. La journée de labour, avec l'usure du matériel employé, ne revient pas à plus de 5 fr. Le labourage d'un hectare fait en trois journées coûte donc 15 fr.

Comme on peut en juger, le cultivateur se trouve, dans une semblable région, en position d'y prospérer largement, s'il est laborieux et capable. Ce n'est pas à dire que tout ce qu'il fera lui réussira à merveille. Il aura à compter avec les mauvaises récoltes, de même qu'une récolte réussie le dédommagera à gros intérêts de toutes ses peines. Nous tenons à ne rien exagérer, et nous l'avertissons qu'après un défrichement, les récoltes pourront être ravagées par ces milliers d'insectes qui se multipliaient auparavant sans obstacles dans la prairie. Les sauterelles pourront, en une journée, détruire toutes ses espérances. Elles n'ont jamais commis de dégâts à notre colonie, car elles vont s'abattre de préférence dans les provinces de Santa-Fé et d'Entre-Rios, mais le cas peut se présenter. Il pourra voir ses cultures souffrir du froid, du chaud, de l'humidité, de la sécheresse et des vents. Toutes ces déconvenues représentent par le fait une moyenne et nous en évaluons le dommage au tiers d'une bonne récolte. Ce dommage, nous le répétons, sera peut-être plus fort la première et la seconde année après le défrichement, peut-être un peu plus faible dans la suite, mais en l'estimant à un tiers d'une récolte bien réussie, nous croyons être au-dessus de la vérité. C'est sur cette base que nous établirons le rendement des cultures sur lesquelles nous allons donner quelques détails.

Des avances nécessaires au colon. — Lorsque le colon arrive avec sa famille dans un pays neuf pour y créer une ferme, il est nécessaire qu'il se rende bien compte des difficultés qui l'attendent, des dépenses qu'il aura à exécuter, avant de tirer quelque profit de sa première

récolte. Prévoir, c'est réussir ; en agriculture surtout !
Il faut donc des avances assez importantes ; s'il ne les
a pas, il faut qu'on les lui fasse, car s'il est à la merci
du premier insuccès, il vaut infiniment mieux pour
lui qu'il ne se déplace pas.

En admettant qu'il dispose à la colonie Ocampo d'une
concession de 50 hectares, il pourra tout au plus en
cultiver la moitié, laissant les autres 25 hectares en
prairie pour y élever du bétail. Il va lui falloir une maison, des instruments d'agriculture, des animaux de
labour, des semences, et des vivres pour un certain
temps. Il aura à enclore son champ d'une haie morte
pour mettre ses récoltes à l'abri du bétail, et à établir
des fossés d'écoulement pour l'excès des eaux pluviales.
S'il dispose d'un capital suffisant pour toutes ses dépenses premières, sa position s'améliorera naturellement plus vite que s'il a à payer les intérêts des
avances qu'on aura à lui faire ; intérêts assez élevés et
en rapport avec les risques que court le capital engagé.

Nous estimons qu'il lui faudra :

Francs.

Une maison et une enceinte pour le bétail valant..	2.500
Un puits...	100
Bétail : 4 paires de bœufs, 2 chevaux, 2 vaches...	1.000
Instruments agricoles, char, harnais..............	1.500
Semences...	500
Nourriture et entretien pour 1 an de 3 grandes personnes et 2 enfants............................	1.400
Total.............	7.000

Comme le terrain est cédé à la colonie à raison de
10 à 15 fr. l'hectare seulement, et que toutes les
avances, valeur du terrain comprise, sont faites pour

plusieurs années, on peut se demander quel est le bénéfice de ceux qui entreprennent une œuvre de colonisation qui a déjà exigé de fortes dépenses d'installation et qui va en exiger encore de considérables, quoique remboursables plus tard. Nous répondrons qu'elle est principalement dans la plus-value des terrains. Lorsqu'on aura cédé 10.000 hectares à 10 ou 15 fr. l'hectare, on disposera encore de 20.000 hectares, qui, par le voisinage des précédents, acquerront une valeur de 500 à 1.000 fr. l'hectare, réalisable en quelques années. Nous ne parlons pas de la valeur de 8.000 hectares de forêts.

Revenons à notre famille de colons. En attendant qu'elle puisse rembourser les avances faites, elle aura à en payer les intérêts que nous estimons à 800 fr. par an. En fait, elle paiera pendant ce temps pour les 50 hectares un loyer de 16 fr. par hectare ; fardeau bien léger pour elle, dont il lui sera facile de s'affranchir en quelques récoltes. Nous ajouterons que c'est aux propriétaires d'une seule concession qui, étant eux-mêmes cultivateurs, mettent la main à tous les travaux et sont ainsi un exemple constant pour leurs ouvriers, que nous nous adressons principalement. Dans les détails qui vont suivre, le *bénéfice net* de chaque genre de culture devra s'augmenter de la valeur des journées de travail de la famille de chacun d'eux, valeur bien supérieure aux dépenses d'entretien.

CÉRÉALES

De la culture du blé. — Le blé se sème, à la colonie, du mois de juin à la fin d'août et se récolte en novembre. Parmi les cultures que l'on peut entreprendre dans la région où nous sommes placés, nous ne mettrons peut-être pas celle-ci parmi les plus avantageuses, mais elle est des plus simples; le blé est de vente facile, et les travaux de préparation du sol et d'ensemencement se font en hiver, dans la saison où le colon a le plus de loisirs. Il est un cas où elle peut même donner de beaux bénéfices, comme nous allons l'expliquer.

La culture du blé est fort peu répandue dans l'hémisphère austral. Les grands pays producteurs, l'Amérique du Nord, l'Europe, le nord de l'Afrique, sont placés dans l'hémisphère boréal et la récolte s'y fait de juin à août. Le Chaco offre cet avantage particulier que les semis de blé peuvent s'y faire jusque vers la fin d'août. Et comme dès le commencement de ce mois, on peut connaître par le télégraphe les résultats probables de la récolte du blé dans l'autre hémisphère, il s'ensuit que si l'on a des labours de prêts, on peut faire des semis plus ou moins importants, selon les chances que l'on espère avoir de prix plus ou moins élevés.

Les frais de culture du blé pour un hectare sont les suivants :

Francs

Un labour	15
Deux hersages, un roulage	12
Semis	14
Moissonnage avec machines	20
Empilage et menus frais	12
Battage	20
Intérêt des capitaux, frais généraux	40
Magasinage	10
Total des frais	143

Le produit moyen étant de 20 hectolitres à l'hectare, l'hectolitre revient à 7 fr. 15.

Si ce blé devait être transporté en Europe, il faut ajouter les frais suivants :

Francs

Commission d'achat à la colonie	0 80
Transport au port de la colonie et mise sous vergues	1 50
Transport par le Parana, transbordement et port en Europe	7 15
Déchet de route	0 40
Frais d'assurances	0 60
Frais de déchargement, pesage, mise en wagons	0 50
Commission de vente, et bénéfice du négociant	1 40
Pour la vente en Europe, total des frais	12 35
Prix de revient au colon	7 15
	19 50

Le blé vaut en moyenne en France 23 fr. l'hectolitre. La différence de 19.50 à 23 est de 3 fr. 50, qui est le bénéfice que le colon peut ajouter au prix de revient :

Prix de revient	7 15	10 65
Bénéfice du colon	3 50	
Frais de vente en France		12 35
L'hectolitre en France. Total		23 00

Le bénéfice du colon devrait être ainsi de 3 fr. 50 pour un hectolitre, et de 70 fr. à l'hectare, pour une production de 20 hectolitres. En France, il est bien difficile de se rendre un compte exact du prix auquel revient l'hectolitre de blé. Dans les nombreuses estimations que nous avons vu faire, pour les bonnes terres arables produisant en moyenne 22 hectolitres à l'hectare, le prix du loyer de la terre, le coût de la main-d'œuvre et du fumier, les impôts à payer et les frais généraux sont très diversement indiqués. L'hectolitre de blé y reviendrait de 16 à 22 fr. ; nous prendrons le chiffre moyen de 19 fr., ce qui donnerait, au prix de vente de 23 fr., un bénéfice de 4 fr. par hectolitre. Le producteur français ne serait donc pas dans des conditions inférieures à celles du producteur argentin. C'est seulement lorsque la récolte est mauvaise en Europe que ce dernier peut avoir un avantage sérieux à y expédier ses blés. En Angleterre, la commission parlementaire des intérêts agricoles délégua, l'année dernière, aux Etat-Unis et au Canada, MM. Clare Reed et Albert Pell qui ont fait un rapport consciencieux sur les produits agricoles de ces pays et leurs prix de revient. Pour la production du blé, et son envahissement en Europe à bas prix, ils concluent dans le même sens que nous. La culture du blé dans les Etats-Unis d'Amérique ne pourra augmenter la baisse de prix dans les années de bonne récolte en Europe, puisqu'il ne pourrait y avoir aucun profit à les expédier de ce côté de l'Atlantique, mais elle sera un obstacle à une trop grande élévation des prix dans les mauvaises années.

La durée de la culture du blé au Chaco n'est que de quatre ou cinq mois. Le blé est coupé en novembre : la terre est immédiatement labourée et semée de nouveau

en maïs ou en arachides. Si l'on tient compte du peu
de temps que dure cette culture, de l'avantage qu'elle
offre de la faire suivre d'une autre récolte, de la vente
toujours assurée de cette céréale, on comprendra que
le colon y consacre chaque année une partie de ses
terres. Il pourra, comme nous le disons plus haut,
augmenter l'étendue de ses semailles en août, s'il ap-
prend que la récolte s'annonce mauvaise en Europe, et
c'est là un avantage qui n'est pas à négliger.

Nous avons admis qu'une récolte moyenne est de
20 hectolitres à l'hectare : M. Ch. Beck-Bernard [1], qui
donne dans son ouvrage d'excellents conseils aux
colons, estime que dans la province de Santa-Fé les
récoltes faibles donnent 9 hectolitres à l'hectare, les
moyennes 15 et les bonnes 24 et plus ; mais dans cette
province, indépendamment d'une moins grande fertilité des terres, les sécheresses y sont fréquentes à l'é-
poque de la végétation du blé, et les sauterelles y
commettent parfois d'assez grands dégâts. Il est à remarquer que la province de Corrientes est bien moins
souvent visitée par les sauterelles que celle d'Entre-
Rios placée plus au sud ; le Chaco, par sa position au
nord de la province de Santa-Fé, semble sous ce rapport se trouver dans une situation aussi avantageuse.

Le blé, cultivé sur le même sol pendant plusieurs
années, a une tendance à dégénérer, et il est alors, surtout dans les parties basses, facilement attaqué par la
rouille. Il est donc nécessaire de renouveler assez souvent la semence si l'on tient à s'assurer de bonnes récoltes. C'est l'opinion de tous ceux qui se sont occupés
de la culture du blé sur les bords du Parana, et c'est
aussi la nôtre.

1. *La République Argentine* par Beck-Bernard, page 262.

L'orge peut être cultivée pour être donnée en grains, pendant les chaleurs, aux chevaux, surtout lorsqu'ils travaillent. Semée de bonne heure, au commencement de juin, elle se développe en touffes tellement vigoureuses, qu'il est utile de la faucher en vert pour la laisser croître ensuite. Lorsqu'elle est semée à cette époque, elle mûrit 2 à 3 semaines avant le blé. Elle donne un produit moyen de 30 hectolitres à l'hectare. Comme pour le blé, la semence de l'orge doit être assez fréquemment renouvelée.

L'avoine, étant avantageusement remplacée par le maïs et par l'orge pour la nourriture des animaux, et ne pouvant donner aucun bénéfice à être exportée, est fort peu cultivée dans la République Argentine.

Le *riz* peut, comme dans le Paraguay et dans la province de Tucuman, être semé dans les bas-fonds humides sans avoir recours aux irrigations. Les pluies d'été sont d'une abondance suffisante pour suppléer à ces dernières. Le rendement est généralement assez avantageux pour que le colon se livre à cette culture lorsqu'il aura des terrains qui s'y prêteront.

Du maïs. — La nature du sol et le climat sont éminemment favorables à la culture de cette céréale qui, de tout temps et presque exclusivement, a toujours été, avec la viande, la base de la nourriture des indigènes. Les provinces de Corrientes, de Santiago-del-Estero et de Salta, au milieu desquelles se trouve le Chaco, sont réputées pour les rendements extraordinaires de cette plante, qui d'ailleurs donne encore des produits rémunérateurs dans la plus grande partie de la République Argentine. Le maïs est non seulement par excellence la nourriture des habitants de ces contrées, il est encore précieux pour l'engraissement de la volaille et du bétail, et pour la fabrication de l'alcool.

Il peut être semé du commencement de septembre jusqu'à la mi-janvier. Quoique les gelées soient à craindre au début du printemps et que l'on soit obligé de le ressemer s'il est brûlé par le froid, il y a cependant avantage à essayer d'en semer une petite quantité à cette époque pour en récolter de bonne heure et pouvoir ainsi en donner à l'état d'épi presque mûr pour la nourriture des ouvriers. Sur une récolte de blé, d'orge ou de pommes de terre, on le sèmera en décembre. Celui qui est mis en terre au commencement d'octobre est mûr en janvier et peut être suivi immédiatement d'une seconde récolte.

Voici quels sont les frais de culture à l'hectare :

	Francs
Deux labours et semis au second labour..	35
Hersage et roulage	5
Binage à la charrue et buttage...........	40
Frais de récolte............................	55
Frais généraux, intérêt des capitaux.....	30
Total........	165

Le maïs donne des produits plus assurés et bien plus abondants, lorsqu'il est biné et butté avec soin. Dans ces conditions, il n'est pas rare d'obtenir 5 à 6.000 kilogrammes à l'hectare; nous réduirons la moyenne à 3.500 kilogrammes, valant, au prix de 7 francs les 100 kilogrammes, 245 francs. Le bénéfice net sur un hectare est donc de 80 francs.

De l'emmagasinage des céréales. — Le colon se trouve

généralement, dans la République Argentine, comme dans l'Amérique du Nord, dans de très mauvaises conditions pour conserver chez lui les céréales. Aussi est-il souvent obligé de vendre son grain à n'importe quel prix, dès qu'il l'a ramassé. Il est donc habituel de voir la hausse se produire sur les cours, lorsque le colon s'est débarrassé de sa récolte. L'intérêt de la colonie étant de favoriser le colon dans la vente de ses produits, il sera nécessaire, dès que les récoltes des céréales deviendront importantes, d'établir de grands magasins où celles-ci seront à l'abri de l'humidité et des insectes, et sur lesquelles on fera des avances aux dépositaires, qui pourront ainsi attendre le moment propice pour vendre. La Compagnie générale des Omnibus de Paris a établi, dans la rue Monge, un système de greniers en tôle de fer, qui offrent les meilleures conditions pour la conservation des grains, et ne grèvent l'hectolitre de grains que de 50 centimes de frais par an. La construction de magasins semblables, dût-elle coûter le double à la colonie, offrira au colon des avantages tellement considérables, puisqu'elle assurera la vente de ses produits dans les conditions les meilleures, qu'il n'y a pas à hésiter de l'entreprendre lorsque la nécessité s'en fera sentir.

De la culture des haricots. — La grande fécondité de cette plante, sur ces terres si propres à la culture des légumes, et la qualité supérieure des produits poussent l'agriculteur à en faire chaque année des semis importants. Il est préférable, pour économiser le temps, de semer des variétés naines, plutôt que des variétés montantes. Le haricot se sème à deux époques : en octobre et vers la fin janvier. Les frais de culture sont à peu près les mêmes que ceux du maïs, de

165 francs à l'hectolitre, et le semis se fait à la charrue. Les bénéfices sont plus élevés que pour le blé et le maïs. Un hectare produit en moyenne 1.800 kilogrammes, valant 20 francs les 100 kilogrammes, soit brut 360 francs, et net 135 francs.

De la culture de diverses plantes alimentaires. — Il n'entre pas dans le plan de notre travail de donner des détails sur la culture de toutes les plantes utiles à la nourriture du colon et susceptibles même d'une certaine exploitation. Il nous suffira de dire que tous les légumes d'Europe y prospèrent généralement mieux qu'en Europe. Nous citerons les pois, les fèves, les lentilles, etc., les plantes herbacées, telles que toutes les variétés de choux, de salades, etc., les racines, telles que les navets, raves, carottes, betteraves, etc., en exceptant la pomme de terre, dont les produits, quoique excellents, ne s'élèvent pas au delà de quatre à cinq fois la semence. Nous avons toujours eu sur notre table, à la colonie, en abondance et en nombreuses variétés, tout ce que la culture maraîchère fournit en France.

Les cucurbitacées, telles que les melons, courges, potirons, pastèques, y prennent des dimensions très grandes et sont d'un goût exquis. La patate et le manioc, deux produits fort recherchés des indigènes, donnent d'abondantes récoltes et remplacent, selon les saisons, la pomme de terre.

Nous ajouterons enfin que le fraisier, planté sur un terrain à demi ombragé, donne des fruits pendant toute l'année, sauf aux époques des températures extrêmes.

DES CULTURES INDUSTRIELLES

« C'est une opinion adoptée par tous les cultiva-
« teurs, et justifiée d'ailleurs par la pratique, que
« les cultures dites *industrielles* épuisent considéra-
« blement le sol; aussi ne sont-elles adoptées que là
« où il est possible de se procurer du fumier en abon-
« dance, ou bien encore dans les contrées où les terres
« sont naturellement douées d'une fertilité exception-
« nelle [1]. »

Ces cultures, avec la fertilité naturelle de notre sol
et même, s'il le fallait, avec l'abondance du fumier
qui provient de la présence d'un nombreux bétail et
qui jusqu'à ce jour reste sans emploi, doivent être
pour nous l'objet d'une attention particulière.

Mais elles ne sont susceptibles de donner au colon
le maximum de bénéfices qu'autant que celui-ci trou-
vera sur les lieux un placement facile de ces sortes de
produits. La colonie est intéressée à favoriser ce placement, elle ne devra pas y manquer. Nous indiquions
précédemment l'utilité et le profit qu'il y aurait à
créer des greniers à grains semblables à ceux de la
Compagnie générale des Omnibus à Paris; de même
diverses industries qui viendront se fixer au Chaco
sur les bords du Parana, acquérant sur place, c'est-à-
dire à de bons prix, leurs matières premières, et étant

1. Boussingault, *Agronomie, Chimie agricole et Physiologie*. —
Paris, 1860-1878.

assurées en même temps de débouchés réguliers, donneront des résultats tout aussi avantageux. Elles offriront à leurs ouvriers un climat des plus sains, et la vie matérielle à bon marché; elles auront à leur disposition de l'eau en abondance, du combustible à bas prix et du bois pour la tonnellerie; enfin elles auront à leur côté, comme voie de transport, une rivière immense, qui les mettra en communication avec les parties les plus peuplées de la République Argentine, avec le Paraguay, l'Uruguay, le Brésil et les pays d'outre-mer. Trouveraient-elles ailleurs des conditions beaucoup plus propices?

Parmi ces industries à établir à la colonie Ocampo, nous désignerons les moulins à farine et ceux à huile, la préparation méthodique du tabac en feuilles, telle qu'elle se pratique dans les pays grands producteurs, la fabrication de l'alcool et celle du sucre. Nous ajouterons encore, comme conséquence de l'élève du gros bétail, l'établissement de tanneries. Les peaux à tanner ne manqueront pas; en dehors de celles de la colonie, on pourra s'approvisionner en quantités presque illimitées dans la province voisine de Corrientes. Quant au tan, il n'y a pas de forêts au monde qui l'offrent, comme celles du Chaco, en aussi grande abondance et à un prix de revient si minime. Nous ajouterons encore la préparation des textiles, tels que le coton, le chanvre, le lin, etc., dont la culture serait ici singulièrement favorisée par les qualités du climat et la valeur productive du sol.

Les récoltes qui donnent les meilleurs résultats, avons-nous dit précédemment, sont celles qui sont faites dans les exploitations de moyenne importance[1].

____

1. Une concession de 50 hectares, dont la moitié ou le tiers

Il en est de même et à plus forte raison pour les cultures industrielles, car elles exigent quelquefois plus de main-d'œuvre et une surveillance plus active. Deux cents familles, qui ne cultivent chacune dans leur exploitation qu'un hectare ou un demi-hectare de tabac, et que quelques hectares de plantes oléagineuses, de sorgho, de canne à sucre ou d'une plante textile quelconque, devront réussir bien mieux que ne réussirait une exploitation en grand de ces mêmes produits, placés sous une seule direction. Leurs champs pourront ne pas être mieux soignés et ne pas donner des récoltes de plus belle apparence, de qualité meilleure et d'un placement plus avantageux, mais ils seront tenus avec plus d'économie. En fait, la somme de la production d'une de ces cultures sera suffisante pour faire fonctionner l'industrie qui s'y rapporte, et si celle-ci a des bénéfices, elle tendra à demander aux colons des quantités de matière première de plus en plus importantes.

Quant à l'établissement de ces industries, la colonie n'aura pas de grands efforts à faire pour aider à les fixer chez elle. En offrant des chances sérieuses de réussir, bien des personnes ayant les aptitudes voulues viendront d'elles-mêmes demander à les exploiter pour leur compte.

reste à l'état de prairie, laisse à la culture 25 ou 35 hectares qui, donnant deux récoltes par an, représentent le travail d'une nombreuse famille. (*Note de l'auteur.*)

DES PLANTES OLÉAGINEUSES

Arachide

Après le maïs et le manioc qui sont ici dans leur pays d'origine, une des plantes que les indigènes cultivent pour leur nourriture, c'est l'arachide (*mani*, dans la Plata), dont l'amande a une saveur agréable et rappelle le goût de la noisette. Depuis quelques années on a commencé à établir dans la République Argentine des moulins pour en extraire l'huile. L'arachide renferme de 35 à 45 pour 100 d'huile. Celle-ci est excellente pour la table ; elle sert aussi à la fabrication du savon blanc, des huiles de toilette et dans l'éclairage. Aussi la consommation en est importante en Europe ; la France seule reçoit 50 millions de kilogrammes d'amandes d'arachides venant d'Afrique ou d'Asie.

L'Amérique du Sud offre un très bon débouché aux huiles à bouche dont elle fait une grande consommation.

Les fabriques d'huile trouvent donc sur place le placement de leurs produits.

L'arachide aime un climat suffisamment chaud, un terrain substantiel et léger, de nature silico-argileuse. Elle réussit très bien dans le Chaco où elle trouve justement toutes ces conditions de bonne végétation. On la sème dans cette région du mois de septembre au commencement de décembre et on la récolte à partir de fin janvier. On sait que cette plante forme son amande dans le sol, où la fleur va s'enfouir après la fécondation ; de fréquents buttages aident à cette opération naturelle et assurent une récolte abondante. Voici quels sont les frais de culture pour un hectare:

	Francs
Un labour..............................	15
Hersage.........	5
Labour, semis et semence.....................	31
Roulage...............................	3
Sarclage et buttage.........................	60
Enlèvement des plantes et récolte des gousses.	36
Frais généraux et intérêts des capitaux.......	40
Magasinage.............................	20
Total.............	210

La récolte peut varier de 2.000 à 4.500 kilogrammes ; nous ne l'estimerons qu'à 2.500 kilogrammes au prix de 15 francs les 100 kilogrammes. Le rendement brut sera de 450 francs et le rendement net de 165 francs à l'hectare. L'amande d'arachide vaut en France de 28 à 40 francs les 100 kilogrammes. Il y aurait donc assez souvent avantage à l'exporter.

Sésame

Cette plante est l'objet d'une grande culture dans l'Inde et dans tous les pays à l'est de l'Europe méridionale. Son importation en Europe est aussi considérable que celle de l'arachide. Comme celle-ci, elle se plait dans les climats très tempérés et sur les terrains légers et fertiles; on la sème et on la récolte à peu près aux mêmes époques, et les frais de culture à l'hectare sont sensiblement les mêmes. La graine, qui est petite et renfermée dans des capsules, est plus riche en huile que l'amande de l'arachide.

La récolte peut s'évaluer au Chaco, en moyenne, à 20 hectolitres, pesant chacun 62 à 65 kilogrammes. C'est un produit de 1.300 kilogrammes à l'hectare, pouvant s'élever au double.

Lorsque cette graine est à de bons prix en Europe, elle atteint alors les cours de 50 francs les 100 kilogrammes, et il y aurait bénéfice à l'exporter.

L'huile de sésame est très comestible. Comme celle de l'arachide, elle se rancit difficilement. Le tourteau obtenu par la pression des graines est un excellent engrais et un bon aliment pour les animaux domestiques. Il serait appelé à rendre à la colonie de grands services pour l'alimentation et l'engraissement du gros bétail. On remarquera que, lorsque les tourteaux des graines oléagineuses sont consommés sur le lieu de production, le sol n'est jamais appauvri, car l'huile ne renferme que des éléments puisés dans l'atmosphère par les plantes, et le tourteau, au contraire, contient tous les sels enlevés à la terre.

Comme pour le blé, nous ferons observer que, lorsque la récolte de l'arachide et du sésame est terminée dans les pays grands producteurs, et qu'on en connaît les bons ou mauvais résultats, on commence au Chaco les semis de ces mêmes plantes. On pourrait donc en augmenter la culture, selon les nouvelles que l'on aurait de l'autre hémisphère et les bénéfices présumés que leur exploitation pourrait donner.

Ricin

Le ricin, qui est annuel dans le midi de la France, devient vivace dans les contrées plus chaudes. Dans la République Argentine, il croît à l'état sylvestre, s'élevant à plusieurs mètres de hauteur et vivant 12 à 15 années. Semé au Chaco, sur la lisière des champs, il forme, sans culture, des cordons épais de verdure qui aident à diminuer l'action nuisible des grands vents. Il fleurit et mûrit ses graines pendant les trois quarts de l'année. La récolte dure donc plusieurs mois et n'exige d'autres dépenses que de ramasser la graine, ce qui est fait par les femmes et les enfants. La graine de ricin est très oléifère : elle renferme 60 0/0 d'huile. L'huile est bonne pour la savonnerie, pour la peinture et pour l'éclairage; on sait qu'elle est purgative. Nous ne savons si une fabrique spéciale d'huile de ricin donnerait des bénéfices, mais une fabrique installée pour le traitement de l'arachide et du sésame aurait évidemment avantage à traiter en plus la graine de ricin, qu'elle obtiendrait à un prix assez avantageux pour en vendre l'huile dans de bonnes conditions.

Autres plantes oléagineuses

Depuis plusieurs années, le *lin* est aussi cultivé, dans la région de la Plata, pour sa graine dont on exporte en Europe une certaine quantité. Il s'y déve-

loppe avec une grande vigueur, et il y donne des produits abondants.

La culture du *cotonnier* peut aussi donner lieu, à côté
de la préparation de ce textile, à l'extraction de l'huile
renfermée dans ses graines. Cette huile, dont la production augmente tous les jours, soit en Europe, soit
dans les États-Unis, est fort employée dans l'alimentation et pour les usages de l'industrie.

Bien que toutes les plantes oléagineuses cultivées en
Europe prospèrent également bien au Chaco, nous ne
nous étendrons pas davantage sur ce sujet. Il nous
suffit de montrer les bénéfices de quelques-unes de
celles qui s'y trouvent le mieux dans leur climat et
leur terrain.

LE TABAC

La culture du tabac est une de celles qui, dans le
nord de la République Argentine, est appelée à donner
les résultats les plus brillants. Cette plante aime une
terre légère, douce, et de préférence sablo-argileuse.
Elle donne ses meilleurs produits dans les terrains
vierges, d'origine granitique, chargés d'humus et
riches en potasse. Comme toutes les récoltes herbacées,
c'est dans les climats chauds et humides qu'elle prospère le mieux.

Le Chaco offre toutes ces conditions, et il en est tellement ainsi que dans les bois, le tabac abonde à l'état
sylvestre. On sait d'ailleurs que c'est de l'Amérique
du Sud qu'il est originaire.

On s'est souvent demandé quelles sont les causes de
la bonne combustibilité du tabac. Grâce aux travaux
d'un habile chimiste, M. Th. Schlœsing[1], cette question est résolue. Elle est due à la prédominance dans
la feuille des sels de potasse sur les sels de chaux.
D'un autre côté, cette qualité du tabac se manifeste
particulièrement dans les pays chauds où il pleut
abondamment pendant la végétation de cette plante.

Voici quelques comparaisons à ce sujet, entre quel-

1. *Le Tabac*, par Th. Schlœsing, directeur de l'École d'appli-
cation des manufactures de l'État. (Paris, Librairie agricole de
la *Maison rustique*.)

ques provinces des États-Unis, connues pour les qualités de combustibilité de leurs tabacs, et la province d'Alger, et le littoral méditerranéen de la France où ces qualités font défaut :

Maryland , pluie tombée en été.	0^m 601	—	Température	en	été,	21° 9
Floride.........	0^m 615	—	—			22° 7
Nord-Caroline...	0^m 840	—	—			22° 7
Virginie.........	0^m 720	—	—			23° 2
Alger...........	0^m 036	—	—			25° 3
Côtes de France. (Méditerranée).	0^m 075	—	—			22° ,,
Colonie Ocampo.	0^m 631	—	—			24° 2

Nous avons déjà vu que le sol arable à la colonie Ocampo renferme une proportion importante de potasse (0^g 300 par kilogramme, de terre, soit, pour une couche de 0^m 30 d'épaisseur, 900 kilogrammes de potasse à l'hectare). La chaux n'y est nullement en excès (6 grammes de carbonate de chaux par kilogramme de terre). Nous voyons qu'il y tombe en été une quantité d'eau de pluie assez considérable, et que les conditions de température y sont meilleures que dans les provinces des États-Unis. Toutes ces considérations, appuyées par nos essais de culture, par l'opinion de M. Ch. Beck-Bernard, qui a étudié cette plante dans la province de Santa-Fé, et par celle de M. Martin de Moussy[1], nous démontrent que l'on obtiendra au Chaco, sous le rapport de la quantité et de la qualité,

---

1. « Le climat des bords du Parana, dit cet écrivain, est certainement meilleur que celui de la Caroline, de la Virginie et du Maryland, aux États-Unis, où la qualité du tabac est déjà si remarquable. »

des résultats excellents, surtout si l'on a le soin de n'employer que des semences provenant de la Havane. Le tabac de la Havane, en dehors de son parfum, qui tient en partie au climat, a comme qualité la finesse des côtes et par suite, celle des nervures. Cultivé en France pendant cinq générations successives, par M. Schlœsing, cette qualité n'a pas varié pendant tout ce temps. La proportion des côtes à celle des feuilles était de 0,150 quand elle est de 0,256 à 0,300 pour les tabacs indigènes.

Le tabac est cultivé sur une assez grande échelle au Paraguay et dans la province de Tucuman. Il l'est aussi dans les provinces de Santa-Fé, d'Entre-Rios et de Corrientes. Mais dans toutes ces contrées il est loin, faute de soins et de capitaux nécessaires, de donner les excellentes qualités que l'on pourrait en attendre.

Cette plante se sème au Chaco à la fin d'août dans des plates-bandes à l'abri des gelées blanches. On la repique cinq ou six semaines après, et lorsqu'elle a poussé quelques feuilles, dans des labours préparés à l'avance, en mettant 10.000 pieds à l'hectare. Repiquée vers la mi-octobre, elle est mûre vers la fin janvier. Sa végétation est remarquablement belle et ses feuilles prennent des dimensions peu ordinaires. Pour un hectare, les frais de culture sont les suivants :

	Francs
Trois labours à 15 fr. l'un................	45
Deux hersages et roulage................	12
Préparation du semis....................	25
Plantation : 40 journées à 3 fr.....	120
Soins à donner à la plantation pendant trois mois : un homme à 4 fr., une femme à 2 fr., 80 journées chacun............	480
Cueillette du tabac, séchage, etc..........	200

Entretien et intérêts de construction d'un
séchoir.............................. 150
Frais divers, intérêts des capitaux........ 60
Frais pour un hectare..... ... 1.092

Les produits s'élèvent en moyenne à 2.500 kilogr.
Pour faire largement la part de l'imprévu, nous ne
les estimerons cependant qu'à 1.900 kilog. Les tabacs
du Brésil et ceux de l'Amérique du Nord ne se vendent
pas à moins de 250 fr. les 100 kilog., sur la place de
Buenos-Ayres. Nous admettrons que le colon du Chaco,
cultivant de bonnes variétés et soignant bien ses produits, ne vende son tabac sur les lieux de production
qu'à 100 fr. les 100 kilog. Le bénéfice brut à l'hectare
sera pour lui de 1.900 fr. et le bénéfice net de 808 fr.

Nous avons fait observer précédemment qu'il y aurait un grand avantage à avoir à la colonie un atelier
spécial de préparation des tabacs. Le colon n'a ni le
temps, ni les moyens, ni les connaissances nécessaires
pour donner au tabac, après la récolte, les qualités qui
font sa grande valeur marchande.

A la Havane, les tabacs récoltés sont riches en nicotine : ils en renferment le 6 0/0. Après la fermentation,
ils n'en contiennent plus que le 2 0/0. Partout où la végétation est puissante comme à la Havane, et nous
ajouterons comme au Chaco, la plante renferme une
proportion assez grande de nicotine ; la fermentation
a pour résultat de donner à la feuille plus de douceur
et un parfum plus agréable. Lorsqu'à la colonie on
fera choix de bonnes semences et on préparera convenablement le tabac en feuilles, on obtiendra des qualités tout à fait supérieures, qui atteindront sur les
marchés des prix élevés, et donneront au colon des
bénéfices plus considérables que ceux que nous venons
d'indiquer.

CANNE A SUCRE

M. Martin de Moussy a traité avec un soin particulier
ce genre de culture auquel il attachait la plus grande
importance pour l'avenir des provinces du nord de la
République Argentine. Nous ne saurions mieux faire
que d'extraire de son ouvrage les lignes suivantes[1]:

« La canne à sucre croît, dans la Confédération Ar-
« gentine, du 29° degré de latitude sud en remontant
« vers le nord. Cette culture ne remonte pas à plus de
« trente ans dans les provinces du nord, mais elle aug-
« mente tous les jours et devient d'une grande impor-
« tance par le nombre de bras qu'elle occupe et la
« somme des capitaux qu'elle emploie.

« La canne à sucre est également cultivée au Para-
« guay depuis fort longtemps ; elle l'était du temps des
« jésuites dans les missions ; cependant, à aucune
« époque, la fabrication du sucre n'a pris une grande
« importance dans ces provinces. Effectivement, il n'y
« a là aucun établissement d'une véritable valeur, et
« la culture se réduit à quelques hectares de terre,
« souvent moins, dans lesquels chaque famille plante
« ce qu'il lui faut de canne à sucre pour sa consom-
« mation, soit à l'état frais, soit en sirop, soit distillée.

1. *Description de la Confédération Argentine*, tome I, page 499.
(Paris, 1860.)

« Dans toute la province de Corrientes [1], cette in-
« dustrie n'est pas plus avancée qu'au Paraguay. On
« ne produit que des mélasses et de l'alcool ou tafia.
« Cependant la canne prospère dans ces terrains; la
« proportion du sucre qu'elle renferme est considéra-
« ble, et les gelées sont rarement assez fortes pour lui
« faire de mal. Dans ce cas même, alors qu'il y en a
« quelques-unes en mai ou en juin, la plante peut tou-
« jours être utilisée pour la distillation et il n'y a que
« demi-mal.

« Dans les provinces du nord, la culture de la canne à
« sucre est devenue une belle et grande industrie. Elle
« ne fait que commencer pour ainsi dire à Santiago-
« del-Estero; mais on compte par centaines les hecta-
« res de canne dans la province de Tucuman, dans
« celles de Salta et de Jujuy, sur les bords du Rio San-
« Francisco et de ses affluents dont le climat tropical
« lui convient parfaitement. »

Après être rentré dans quelques détails sur l'installation de quelques usines dans ces provinces, M. Martin de Moussy ajoute:

« La création d'une plantation de canne à sucre exige
« donc des débours considérables à cause du personnel
« nombreux réclamé d'abord pour l'installation du
« terrain, le défrichement, les canaux d'irrigation, les
« fossés d'enceinte, puis la construction des bâtiments
« de la sucrerie, les fours à briques et à formes, les
« fourneaux, chaudières, cuves à fermentation, etc...
« Et cependant tout cela se réunit, tout cela se fait
« au cœur du continent sud-américain. On obtient

1. Une Société anglaise est en instance auprès du gouvernement de la province de Corrientes pour obtenir une concession
de terres à l'effet d'y cultiver la canne à sucre et y établir des
moulins à canne. (*Note de l'auteur.*)

« tout : capitaux, bras, outillage... tant l'intelligence
« humaine grandit devant les obstacles et arrive à les
« surmonter, lorsqu'il y a un avantage aussi réel à le
« faire. Effectivement, cette industrie est des plus
« lucratives, et tous ceux qui ont pu jusqu'à présent
« réunir assez de capitaux personnels ou assez de cré-
« dit pour monter un établissement, y ont réalisé de
« grands bénéfices. Quelle qu'ait été l'augmentation
« de la culture et des récoltes, les prix non seule-
« ment se sont soutenus, mais ont encore monté ; et
« l'on a vu ce phénomène d'un sucre indigène payé
« plus cher sur le lieu même de la production que
« celui qu'apportait le commerce étranger sur le litto-
« ral... La production totale du sucre et de la caña
« (eau-de-vie) pouvait s'élever en 1857 pour les quinze
« premiers établissements à 720.000 kilog. de sucre et
« 3.000 hectolitres d'eau-de-vie, quantité relativement
« peu considérable encore ; mais la production croit
« tous les jours et ces chiffres ne sont qu'approxi-
« matifs. »

Le développement de cette riche culture, prévu par
M. Martin de Moussy, se réalise aujourd'hui. Dans les
provinces du nord seulement, la production du sucre
a décuplé ; elle atteint 8 à 10 millions de kilogrammes.
De grandes fabriques, munies d'un matériel de premier ordre fourni par des maisons françaises (Cⁱᵉ de
Fives-Lille, Cail et Cⁱᵉ), y sont installées ou achèvent
leur installation ; les cultures s'étendent de plus en
plus. Et cependant on peut affirmer que cette industrie n'est encore qu'au début de son développement,
car la consommation du sucre est considérable dans
toute la région argentine et s'élève actuellement au
quadruple de la production indigène.

Les cultures de canne à sucre au Chaco, sur les

bords du Parana,' profiteront d'un avantage que n'ont
pas actuellement les provinces dont nous venons de
nous occuper : c'est la différence dans les prix de
transport. Les sucreries les mieux situées dans la contrée des Andes paient actuellement, de chez elles
à Buenos-Ayres, un port de 26 fr. par 100 kilogrammes, soit 260 fr. la tonne métrique. Du Chaco
à Buenos-Ayres, le port n'est pas plus de 10 à 15 0/0 de
cette somme. C'est une différence de plus de 20 centimes sur le prix de revient du kilogramme, ou du
20 0/0 au moins sur le prix de vente.

La canne à sucre, d'après les essais que nous avons
faits depuis l'année dernière, prospère très bien à la
colonie Ocampo. La nature et la composition du sol
ne peuvent que lui être favorables, et si plus tard les
fumiers devaient venir en aide à la fertilité naturelle
des terres, nulle part on ne les trouverait en plus
grande abondance et à plus bas prix que dans ces pays
d'élevage de bétail.

La canne à sucre aime l'humidité pendant les chaleurs ; nous avons déjà vu quel est le régime des pluies
pendant l'été. Les sécheresses accidentelles seront ai-
sément combattues par les irrigations, très faciles à
pratiquer avec la nappe d'eau existant dans le sous-sol.

Nous avons indiqué que la température moyenne y est
de 20° 2. Cette température est celle de plusieurs pays
qui cultivent la canne à sucre. Dans la région sud des
Etats-Unis d'Amérique où l'on exploite la canne à
sucre et qui comprend surtout les Etats de la Loui-
siane et du Mississipi, les températures extrêmes y
sont les mêmes et la température moyenne annuelle
peut être fixée à 20° centigrades[1]. A la Nouvelle-Or-

1. *Annales de l'agriculture des colonies*, par Paul Madinier.
(**Paris, 1860-1867.**)

léans, elle est de 69° 06 Fahrenheit, ou de 20° 6 centigrades. Aux Bâtons-Rouges, au commencement du Delta, elle est de 20° 2. A Vicksburg, dans l'État du Mississipi également, elle est de 19° 77 [1]. Dans la cordillère des Andes, la canne à sucre est cultivée à certaines altitudes, comme dans le Guatemala, où la température moyenne varie de 18° à 20°. La température est donc suffisante dans notre partie du Chaco pour la bonne végétation de la plante.

Les travaux de préparation du sol, de plantation, d'arrosage, d'entretien, ainsi que le transport de la canne au moulin, n'offrent aucune difficulté et se font dans les meilleures conditions économiques. La canne se plante au moyen de boutures que l'on place dans le sillon formé par la charrue et que l'on recouvre de terre à la bêche.

Nous donnons ici un aperçu de ce que sont les frais de culture pour un hectare :

	Francs
Trois labours dont un profond............	60
Deux hersages........................	10
Frais de plantation et boutures...........	250
Trois sarclages à la houe et soins à la plantation...........................	260
Arrosages [2]...........................	200
Coupe de la canne et transport de la canne au moulin...........................	350
Frais divers et frais généraux...........	120
Total...................	1.250

1. Schott, *Température*, *Tables*, 1876.

2. La canne à sucre que nous avons plantée l'année dernière, au mois de septembre, est, après sept mois de végétation, d'une grande beauté. Elle a eu, cependant, à traverser tout un été, avec deux mois de sécheresse, sans qu'elle ait été

Le rendement moyen d'un hectare est de 55.000 à 60.000 kilog. de canne. Nous le réduisons à 50.000 kil. La canne à sucre pourra être payée au colon à raison de 35 fr. les 1.000 kil.; les 50.000 kil., produits d'un hectare, rendent donc 1.750 fr.

C'est un bénéfice net, tous les travaux de culture payés à part, de 500 fr. à l'hectare ou de 10 fr. pour 1.000 kil. de cannes coupées. Il nous reste à voir si ce prix de 35 fr. les 1.000 kil., très avantageux pour le colon, l'est également pour le fabricant de sucre.

Fabrication du Sucre

Le prix des sucres sur la place de Buenos-Ayres ne laissant qu'un écart de 7 fr. par 100 kilog. entre les sucres raffinés et ceux qui ne le sont pas, il n'y a pas un grand avantage à établir une raffinerie dans une sucrerie. Nous admettrons donc que dans le calcul de l'établissement d'une fabrique de sucre, on ne vise qu'à la vente des sucres bruts, qui d'ailleurs sont assez blancs pour être recherchés par la consommation.

Nous admettrons encore qu'il s'agit de l'établissement d'une fabrique devant traiter le produit de la coupe de 350 hectares de canne à sucre. La quantité

arrosée et sans qu'elle ait souffert du défaut d'arrosage. Notre conviction est que ces frais d'arrosage peuvent être supprimés ; nous les comptons comme s'ils étaient nécessaires pour éviter toute possibilité d'erreur.

donnée par un hectare étant de 50 tonnes métriques de canne à sucre, la quantité à travailler sera donc 350 fois plus forte ou de 17.500 tonnes de canne à sucre.

Aux Antilles et à la Réunion, le produit moyen d'un hectare de canne à sucre est de 4.400 kilogrammes de sucre et de 8 hectolitres de tafia.

Au Chaco, le produit sera au moins de 3.600 kilog. et de 7 hectolitres de tafia.

Cette fabrique exigera pour l'achat en Europe du matériel, le coût du fret, les frais de montage et la construction des édifices, une dépense maximum de 565.000 fr. dont l'intérêt et l'amortissement seront de 12 0/0, en y ajoutant les frais d'entretien. La dépense d'exploitation par an sera :

	Francs
Intérêt du capital, etc. 12 0/0 sur 565.000.....	67.800
Fabrication : personnel, bois à brûler, etc....	115.000
Imprévu (part très large).....................	75.000
Achat de 17.500 tonnes de canne à 35 f. la tonne.	612.500
Total des dépenses.............	870.300

Le prix du sucre de Tucuman sur la place de Buenos-Ayres, sucre non raffiné, est de 94 fr. les 100 kilog. De ce prix il y a à déduire les frais de vente, de magasinage, de port, d'emballage, etc., soit 14 fr. au plus les 100 kilog. Le prix du sucre à l'usine ressort ainsi à 80 fr. les 100 kilog. La quantité du sucre produite étant de 3.600 kilog. par hectare sera pour les 350 hectares de 12.600 quintaux de 100 kilogr. Le tafia se vend à Buenos-Ayres logé, droits acquittés, à 60 fr. l'hectolitre. Nous le comptons à l'usine, sans fûts, à 43 fr. seulement. Les 350 hectares produisant 7 hectolitres à l'hectare produiront au total 2.450 hectolitres de tafia.

<pre>
Les recettes seront donc pour 12.000 quintaux de sucre
   à 80 fr. l'un 1.008.000
2.450 hectolitres de tafia à 43 fr. l'hectolitre....   105.350
                                                      ____
            Total des recettes...........   1.113.350
      Les dépenses s'élevant à..............   870.300
                                                      ____
      Le bénéfice net sera.................   243.050
</pre>

Ce bénéfice de 243.050 fr. sur les 17.500 tonnes de
cannes à sucre qui auront été traitées ressort à 13 fr. 85
sur le traitement de 1.000 kilogrammes de cannes.

Si l'on devait convertir en tafia la totalité des cannes
coupées et si nous admettons que la canne broyée et
macérée donnera le 5 0/0 d'alcool pur par la fermentation, que le tafia se vendra aux prix indiqués précédemment et au titre de 55 degrés, nous obtiendrons un
bénéfice net sensiblement supérieur à celui indiqué
pour la fabrication du sucre.

Lorsque donc, dans une année exceptionnelle, on
aurait des cannes assez détériorées par une forte gelée
pour ne plus obtenir de sucre, le produit en alcool ne
rendrait pas ce désastre bien sensible. Nous voyons que
si la fabrication du sucre et du tafia exige de grands
capitaux, soit pour la culture, soit pour l'installation
d'une usine, elle donne des bénéfices considérables que
nous n'évaluons pas à moins de 40 0/0 du capital engagé,
tout en donnant au colon un prix très rémunérateur
du produit de sa récolte.

SORGHO SUCRÉ

Quoique moins avantageux à cultiver que la canne
à sucre, le sorgho sucré, sorgho de la Chine, donne
des résultats assez remarquables lorsqu'il est destiné
à la distillation. Il produit une eau-de-vie d'un goût
agréable et de vente facile. Comme le maïs et la canne
à sucre, il se développe au Chaco avec une très grande
vigueur, et en touffes si abondantes, qu'il est bon de
l'éclaircir pour obtenir des tiges à la fois plus fortes
et plus sucrées. En attendant de donner plus d'extension à nos cultures de canne à sucre, nous avons con-
sacré une centaine d'hectares à cette plante pour en
distiller, après fermentation, le jus extrait de la tige
par macération.

Les semis du sorgho commencent à la fin l'août et
se continuent jusqu'en janvier. La récolte se fait à
partir de janvier et continue pendant cinq mois, c'est-
à-dire jusque vers le mois de juin, la plante étant
mûre en quatre à cinq mois de végétation.

Voici les dépenses de culture pour un hectare :

	Francs
Deux labours.........................	30
Hersage et roulage.....................	5
Frais de semis.........................	25
Binage à la charrue et buttage.........	50
Frais de récolte, épluchage des tiges.. Transport à la distillerie	280
Frais généraux, intérêts des capitaux....	30
Total.................	420

Le sorgho se sème en lignes comme le maïs. Il produit en moyenne 40.000 kilogrammes de tiges à l'hectare, donnant au minimum 3,75 0,0 d'alcool pur. En tenant compte de la densité de l'alcool pur qui est de 0,795, on obtient, réduction faite, 31 hectolitres d'eau-de-vie à 55 degrés centigrades. Nous évaluons cette eau-de-vie à 43 fr. l'hectolitre (coût du fût et frais de vente non compris); le produit brut des 31 hectolitres est de 1.333 fr.

Avec un matériel de distillation établi dans de bonnes conditions, les frais de traitement pour 40.000 kilogrammes de tiges de sorgho s'élèvent à environ 550 fr. Nous avons ainsi :

	Francs
Frais de culture d'un hectare...........	420
Frais de distillation du produit d'un hectare.......	550
Bénéfices réunis de la culture et de la distillation............................	363
Total égal : Produits de la vente de 31 hectolitres à 43 fr........	1.333

L'hectare rend donc, en y comprenant les bénéfices de la distillation, 363 fr. nets. La culture du sorgho exige, au point de vue agricole et industriel, beaucoup moins de capitaux que celle de la canne à sucre, mais les bénéfices sont en proportion des avances nécessaires.

DES PLANTES TEXTILES

Et du cotonnier en particulier

Nous ne nous étendrons pas sur la culture des plantes textiles qui, pour être productives, exigent un personnel dont la main-d'œuvre ne soit pas payée à de trop hauts prix. Les colons, disposant d'une nombreuse famille, et dont les femmes auront une certaine aptitude aux soins particuliers que demande ce genre d'exploitation, pourront s'y livrer avec de grandes chances de succès.

Nous avons déjà dit que nous sommes assurés des bons résultats que donneront les cultures de chanvre, de lin et de coton. Nous ne donnerons que quelques détails sur celle du coton qui est appelée à prendre une extension considérable dans le nord de la région argentine. Le cotonnier croît dans cette contrée à l'état sauvage. De tout temps, et bien avant la conquête, les Indiens l'ont cultivé et en tissaient leurs vêtements ; mais sa culture ne s'est encore que fort peu développée.

Après avoir préparé la terre par de bons labours, on le sème vers la fin de septembre, en lignes distantes de 1^m 50, les trous de semis étant dans la ligne à une distance de 0^m 80. L'hectare renferme environ 10.000 plantes. Chaque arbuste, dont l'existence se prolonge

plusieurs années, peut donner chaque année plus de
2 kilogrammes de gousses, en y comprenant le poids
de la graine. En moyenne, l'hectare rend 1.200 kilogrammes, c'est le produit moyen obtenu dans le sud
des Etats-Unis. La variété cultivée dans notre région
donne une qualité supérieure à celle obtenue dans ce
dernier pays, mais peut-être au détriment de la quantité. Les frais de culture d'un hectare peuvent s'évaluer à 600 fr., et le produit brut à 900 fr., à la condi-
tion que la cueillette qui est la partie délicate de cette
culture soit faite par des femmes qui y apportent un
grand soin. Ce qui pourrait rendre cette culture plus
profitable, c'est l'exploitation de la graine pour la fabrication de l'huile.

M. Ch. Beck-Bernard recommande aux colons de la
province de Santa-Fé, qui voudraient s'adonner plus
particulièrement à la culture du cotonnier, de choisir,
de préférence, les terrains du Chaco, qui se trouvent sur
les rives du Parana, parce que le sol y est plus humide
que dans les colonies de Santa-Fé et que le voisinage
immédiat du fleuve serait important au point de vue
de l'expédition.

Nous sommes de son avis, car cette plante aime un
climat un peu chaud, humide en été, et suffisamment
sec à l'automne, à l'époque de la cueillette. Le sol
étant à peu près de même composition que celui des
bords du Mississipi, dont le climat offre aussi une
grande analogie avec celui du Chaco et dont la puissance de fertilité n'est certainement pas supérieure,
nous ne voyons pas pourquoi, dans un avenir plus ou
moins prochain, la culture du coton ne donnerait pas,
dans cette partie des bords du Parana, des résultats
aussi brillants que dans les meilleures terres de l'Amérique du Nord.

ARBRES FRUITIERS

Nous terminons notre rapide examen sur les cultures, en consacrant quelques lignes aux arbres fruitiers que l'on peut cultiver au Chaco et qui presque tous sont originaires d'Europe. Une appréciation très exacte sur l'abondance et la valeur de leurs récoltes exige une étude d'un grand nombre d'années. Le temps nous a manqué jusqu'à ce jour pour pouvoir donner sur leurs produits de plus amples renseignements.

Le pêcher. — Aucun arbre ne se reproduit dans la région argentine avec autant de facilité que le pêcher. Principalement dans les îles du bas Parana, il croît à l'état sylvestre en bois touffus. Partout il se développe sans exiger aucun soin. Venu de semis, il ne demande que trois années pour donner des fruits, qui sont d'autant plus succulents, qu'ils proviennent de bonnes greffes, que la terre est convenablement labourée autour de l'arbre, et que l'on débarrasse celui-ci, après la floraison, d'un trop grand nombre de fruits.

L'oranger atteint des dimensions considérables dans les provinces du nord de la République, de Corrientes, et au Paraguay, où il donne de belles et délicieuses oranges pour peu qu'il soit soigné. Le sol et le climat lui conviennent si bien qu'il s'y est multiplié à l'infini à l'état sauvage, qu'il constitue sur divers points de véritables forêts, et qu'on l'exploite pour son bois. La consommation prodigieuse que l'on fait des fruits de l'oranger dans les pays de la Plata, assure un grand revenu à ceux qui se livrent à la culture de cet arbre, qui, avec quelques soins, est en plein rapport dès la huitième année de sa plantation.

Le *grenadier*, le *cognassier*, le *cerisier*, le *poirier*, le *néflier*, le *figuier*, etc..., sont les principaux arbres fruitiers que l'on peut cultiver dans la région où nous sommes placés. Ils acquerront là, comme dans les provinces voisines, de grandes dimensions et ils devront y donner d'excellents fruits.

La *vigne* prospère admirablement et donne des produits dès la seconde année de sa plantation. Elle demande à être taillée à une certaine hauteur, à cause de l'humidité du sol. Sa production est considérable, mais il ne nous est pas encore possible de nous prononcer sur la valeur des vins qui en proviennent.

ÉLÈVE DU BÉTAIL

Nous avons déjà vu que la République Argentine, grâce à ses immenses pampas, tire ses plus importants revenus de l'élève du bétail. Le Chaco offre aussi, par son climat et par la nature de ses prairies, un vaste champ à ce genre d'exploitation. Nous ne savons si le mouton y réussirait aussi bien que le bœuf[1]; dans tous les cas, sa présence n'est possible dans la prairie que lorsque la végétation a été modifiée par le pacage du bœuf et du cheval durant plusieurs années. Pendant ce temps, les graminées deviennent moins hautes, plus fines et plus tendres; un grand nombre de plantes nouvelles viennent se mêler à la flore primitive, et le mouton, succédant au gros bétail, trouve alors une nourriture mieux en rapport avec ses goûts et sa constitution.

Les établissements où l'on élève du bétail s'appellent dans l'Amérique du Sud *Estancias;* ce qui indique à la fois le terrain, la maison et le personnel nécessaire pour cette exploitation. Pour qu'une estancia soit bien assurée de réussir, elle doit disposer de fourrages de bonne qualité, d'eaux en abondance et d'un

---

1. Nous entretenons, depuis plusieurs années, près de mille bœufs et une centaine de chevaux à la colonie, soit pour nos travaux, soit comme bétail d'alimentation. Il serait difficile d'avoir un troupeau dans un meilleur état de santé que le nôtre. Pendant ce temps, nous n'avons pas perdu le 1/2 0/0 par an des animaux, pour cause de maladie.

terrain suffisamment vaste. Le revenu net que donne le capital engagé dans ce genre d'exploitation est considérable et ne s'élève pas à moins de 20 à 30 0 0. Il est cependant bien faible, si on le compare à la surface occupée. Une lieue carrée de terrain (2.660 hectares)[1] ne peut guère nourrir plus de 3.000 têtes de gros bétail, qui donnent à la vente, chaque année, 1.000 animaux d'une valeur de 60 fr. chacun. C'est donc un produit brut de 60.000 fr., ou, pour un hectare de terrain, un produit brut de 25 fr. Comme on le voit, l'industrie pastorale est celle des populations clairsemées sur de vastes espaces où la terre n'a encore acquis qu'une très faible valeur. Cette valeur augmentant en même temps que la population, cette industrie tend alors à se transformer : la prairie naturelle est souvent remplacée par la prairie artificielle et fait place, en partie, aux diverses cultures.

On trouve dans le Chaco d'excellentes situations pour l'élève du gros bétail, mais la présence des Indiens qui sont grands voleurs de bétail, exige une surveillance active et un personnel trop nombreux. Une estancia de 3.000 animaux, établie sur un espace de 25 kilomètres carrés, entrecoupé ou entouré de bois, et c'est ici le cas, offre de si grandes facilités au vol, qu'elle ne saurait prospérer tant que les Indiens ne seront pas complètement soumis ou qu'ils manqueront de refuges pour mettre à l'abri le produit de leurs rapines.

Le cultivateur qui dispose, à la colonie, de 50 hectares de terres, ne saurait en attendre un grand revenu en les consacrant à la reproduction du bétail ; mais comme il lui arrivera bien souvent de ne pouvoir cul-

---

1. C'est la lieue du pays, de 5.160 mètres de longueur.

tiver, faute de bras, que la moitié et quelquefois que le quart de sa concession, il pourra, sur les terrains qui lui resteront à l'état de prairie, élever un certain nombre de vaches et de juments.

Lorsque une terre commencera à être épuisée par les cultures, il lui sera facile, en y jetant sur un seul labour quelques semences de plantes fourragères, de la transformer en prairie artificielle, qui lui donnera non seulement d'excellentes récoltes, mais en même temps du fourrage frais, justement à l'époque où, les graminées des prairies naturelles se desséchant après leur maturité, le bétail dispose d'une nourriture moins abondante. Le produit de cet élevage ne sera pas directement bien important pour le colon ; il pourra n'obtenir, chaque année, que quelques centaines de francs pour la vente de l'excédent de ses animaux.

Mais il aura à sa disposition des bœufs et des chevaux pour tous ses travaux de culture ; il aura, de plus, du lait, du beurre et du fumier ; car le fumier est nécessaire, malgré la grande fertilité naturelle du sol, pour obtenir, dans la culture maraîchère, des produits irréprochables et pour assurer le succès de certaines cultures industrielles. Le cultivateur aura donc soin d'en avoir toujours à sa disposition.

PRODUITS NATURELS

Exploitation des bois. — Chasse. — Pêche

Exploitation des bois. Matières tannantes. — Le Gran-Chaco, qui par son étendue égale la moitié de celle de la France, est couvert en partie par des bois, dont la richesse forestière est considérable, mais dont l'exploitation, à cause de l'absence absolue de rivières propices, de canaux, de routes et de chemins de fer, est rendue actuellement bien difficile; de plus, l'embarquement des bois sur le Parana est souvent impossible à cause du peu d'élévation des rives de cette rivière qui sont submergées parfois par les inondations. Aussi les quantités de bois exportés sont insignifiantes par rapport à l'importante des forêts.

La colonie Ocampo possède un des meilleurs points d'atterrissement sur cette partie de la rive droite du Parana et cependant il a fallu faire des travaux considérables et très coûteux pour en rendre l'accès facile aux bateaux et par suite pour permettre l'embarquement des bois en tout temps.

Le territoire du Chaco offre un grand nombre d'essences forestières dont une bonne partie appartient à la classe des légumineuses, et en particulier à la famille des mimosées ou acacias. Presque toutes donnent des bois très durs et souvent incorruptibles, propres à l'ébénisterie, au charronnage, aux constructions et à l'extraction des matières tannantes.

De toutes ces essences, celle qui est la plus importante, au point de vue de l'exploitation, est le *Quebracho colorado* (Quiebra-hacha, brise-hache) de la famille des anacardiacées. Elle fournit un bois d'aspect rougeâtre, d'une dureté exceptionnelle, sans nœuds et d'une grande densité (1,35) due surtout à une matière incrustante qui en bouche tous les pores.

Cette matière incrustante n'est autre que du tannin mélangé à une gomme qui rappelle la gomme arabique et qu'aucun des nombreux auteurs qui ont fait la monographie du Quebracho n'a connue à l'état isolé, parce qu'aucun d'eux n'a eu l'occasion de l'extraire directement de l'écorce. C'est dans l'écorce que s'élaborent séparément ce tannin et cette gomme qui offrent ce phénomène singulier d'aller se concréter en se mélangeant dans tout l'intérieur du bois et en petite quantité seulement dans l'aubier. Ce mélange de gomme et de tannin coule de l'arbre lorsqu'on l'incise jusqu'au cœur; il peut être encore obtenu, comme la plupart des extraits, en pulvérisant le bois qui, subissant ensuite un traitement par l'eau et la vapeur, est dépouillé de ces deux principes dont on forme un extrait sec[1]. La proportion de tannin pur renfermé dans le Quebracho du Chaco est de 18 0/0. Aussi ce bois est aujourd'hui très employé par les tanneurs. Depuis longtemps les tanneries du pays l'emploient

----

1. La maison E. Dubose, au Havre, fabrique en grand cet extrait, qu'elle livre principalement aux tanneurs d'Angleterre, de Belgique et d'Allemagne. La tannerie française emploie davantage le bois pulvérisé et sous forme de tan.

avec avantage, mais ces fabriques, par défaut de capitaux, sont sans importance. La plus grande partie des
cuirs employés dans la région argentine vient d'Europe ou de l'Amérique du Nord, alors que le pays produit de si grandes quantités de peaux et que le Chaco
renferme une si grande variété de matières tannantes !
Aussi sommes-nous persuadé que les industriels qui
viendraient s'établir à la colonie pour y créer des tanneries sur les bords mêmes du Parana obtiendraient
de très beaux cuirs qui, par le fait du bon marché des
matières premières, se placeraient dans tous les pays
de l'Amérique du Sud en donnant de très grands bénéfices.

Le bois de Quebracho offre encore l'avantage précieux par sa solidité, son élasticité, et son incorrup-
tibilité presque absolue lorsqu'il est enfoui dans le
sol, de fournir d'excellentes traverses de chemins de
fer. On a commencé à l'employer, il y a vingt-trois
ans, dans les chemins de fer du pays, et depuis cette
époque on n'a pas encore pu établir sa durée minimum. Il sert encore pour la construction des navires
et pour bien d'autres travaux.

Après le *Quebracho*, les bois qui sont le plus susceptibles d'exploitation sont les *Algarrobos*, qui sont des
espèces de caroubiers, le *Lapacho*, l'*Urunday*, le *Tataré*,
le *Timbo*, le *Guyacan*, ou *Gayac*, etc., etc..., employés
à divers usages, ébénisterie, tour, menuiserie, charronnage et constructions diverses.

L'établissement d'un chemin de fer à travers le
Chaco donnerait à l'exploitation des bois de cette riche
contrée et des provinces de Santiago-del-Estero, de
Salta et de Tucuman où les essences forestières précieuses abondent, un écoulement qui jusqu'à ce jour
fait à peu près complètement défaut.

Chasse. — Elle représente l'unique revenu des Indiens du Gran-Chaco, qui ne viennent pas prendre part aux travaux agricoles des exploitations des provinces de Santa-Fé et du nord de la République. Elle est pour l'Européen établi dans la contrée plutôt un plaisir, un sujet d'émotions agréables qu'un profit sérieux. La loutre, le cerf et l'autruche, les premiers pour leurs peaux et celle-ci pour ses plumes, donnent lieu à un commerce d'échanges d'une certaine importance. Les peaux de tigre ou de jaguar et de fourmilier sont recherchées et se paient à de bons prix, mais ces carnassiers sont très rares. On peut citer encore le chat-tigre, le loup rouge, le tapir, le pécari, qui est une espèce de sanglier qui vit dans le Chaco en bandes nombreuses, le tatou, etc., etc...

Parmi les oiseaux nous citerons les perruches qui sont un délicieux aliment, le grand et le petit tinamou, espèces de perdrix très abondantes dans les prairies : la première est de la grosseur d'une poule ; les pigeons, trop nombreux aux yeux de l'agriculteur dont il diminue les récoltes. Les cygnes, les canards, parmi les palmipèdes, peuplent avec les échassiers les bords des rivières et des lagunes et y vivent en quantités vraiment prodigieuses. Peu de pays offrent comme celui-ci des distractions aussi variées aux intrépides disciples de saint Hubert.

Pêche. — Tous les cours d'eau renferment du poisson en si grande abondance qu'il pourrait être l'objet d'une exploitation spéciale en le séchant, en le fumant ou en le salant. C'est le Parana qui offre les espèces les plus nombreuses : à part la raie d'eau douce armée d'un appendice caudal à la piqûre venimeuse, la boga, le pati, les anguilles et quelques autres, elles sont généralement carnivores et armées de fortes mâchoires qui coupent les hameçons et les filets avec la plus grande facilité. Parmi ces dernières citons la palometa, aux dents très tranchantes, le dorado, superbe poisson atteignant le poids de 15 à 20 kilogrammes, le surubi, le pacu, ressemblant l'un et l'autre au saumon, tous délicieux à manger ; les dentudos, les armados, etc. Ces divers poissons se font entre eux une guerre acharnée et on les voit parfois parcourir les rivières en si grandes masses qu'ils semblent sur leur passage élever le niveau de l'eau. Quant à l'amateur qui se plaît dans les douces émotions de la pêche à la ligne et qui a quelque peu étudié le pays, il n'a pas longtemps à attendre pour prendre plus de poissons, en jetant sa ligne, que ce qu'il peut en charger sur son cheval.

CONCLUSIONS

Bénéfices du travail et du capital

Nous aurons atteint notre but si nous avons réussi à donner dans ces quelques pages un aperçu général et suffisant de l'agriculture dans le Chaco austral.

Nous n'avons eu d'autre intention que de montrer avec sincérité les avantages que le colon pourrait retirer de l'exploitation du sol dans cette partie du centre de l'Amérique du Sud. Nous avons voulu montrer aussi à l'homme d'affaires quel bénéfice il obtiendrait des capitaux qu'il appliquerait à notre œuvre de colonisation.

Nous n'avons pas négligé d'indiquer au colon la nécessité pour lui d'être véritablement cultivateur, d'en posséder les qualités et de disposer pour son entreprise de tous les moyens et de toutes les ressources nécessaires, ressources dont la colonie pourra lui faire les avances. Nous sommes certainement resté dans les limites rigoureuses de la vérité, en lui donnant l'assurance qu'il aura la vie matérielle à bon marché, qu'il n'aura pas plus à craindre les maladies que dans la région la plus saine de l'Europe, et qu'après quelques années de travail il aura donné à son domaine, dont l'achat ne se sera pas élevé à plus de 7 à 800 fr., une valeur d'au moins 25.000 fr.[1]. Dans les calculs de rendement net de la terre, nous avons compté à part le prix de ses journées et on ne nous accusera pas d'exagération si nous admettons qu'en cultivant seulement 15 hectares sur les 50 dont il disposera, il pourra obtenir chaque année un bénéfice net et minimum de 3.000 fr., bénéfice qui pourra augmenter bien davantage dans la culture de certaines plantes industrielles ou encore, si ses moyens d'action le permettent, dans un plus grand développement des défrichements.

Nous dirons aux capitalistes qui apprécieront ce que cette affaire peut valoir au point de vue agricole et industriel, que nous ne venons pas parler d'un pays en ne le connaissant que par les descriptions flatteuses que nous avons pu trouver dans les livres. C'est, au contraire, après l'avoir habité pendant plusieurs années, y avoir établi une grande exploitation forestière, y avoir construit divers établissements, y avoir fait des travaux publics importants, et y avoir fixé une population de plusieurs centaines d'habitants; c'est, enfin, après avoir mûrement étudié ses divers caractères et les différentes ressources qu'il offre, et le profit qu'on peut en tirer, que nous avons indiqué dans cette brochure, avec une grande modération d'appréciation, les avantages que les capitaux y trouveront certainement.

Si nous laissons de côté la valeur incontestable des 8.000 hectares de forêts, et si nous admettons que le sol défrichable, c'est-à-dire la prairie, n'a encore qu'une valeur insignifiante, nous montrerons simplement qu'en faisant aux colons des avances rembour-

---

1. Nous estimons que dans dix ans cette valeur s'élèvera à 1.000 fr. l'hectare, soit à 50.000 fr. pour 50 hectares. (*Note de l'auteur*.)

sables après trois ans et à 10 0/0 d'intérêt par an, qu'en
aidant, par des avances susceptibles du même intérêt
et remboursables en quelques années, à l'établissement de diverses industries, qu'en profitant enfin du
bénéfice de la simple plus-value des terres non cédées
aux colons, c'est une affaire à donner, en dix ans, indépendamment d'un large intérêt annuel, un bénéfice
égal à plusieurs fois le premier capital versé.

La beauté du climat, la fertilité remarquable du
sol, la facilité des défrichements et des cultures,
l'économie des transports, la protection éclairée du
gouvernement de la République Argentine et les
garanties sérieuses de stabilité qu'il offre, le développement régulier et progressif des riches produits de
ce pays, l'importance de l'émigration, le nombre
relativement considérable de Français qui y sont
établis, les rapports commerciaux, industriels, finan-
ciers et maritimes, qui se sont aujourd'hui développé
sur une grande échelle entre la France et cette jeune
nation, sont autant d'arguments indiscutables en
faveur de cette œuvre de colonisation à laquelle nous
nous sommes patiemment préparés par un travail de
plusieurs années et par une installation établie sur
de larges et solides bases.

TABLE DES MATIÈRES

	Pages
Introduction	V
La République Argentine et la France	1
Le Chaco austral	8
La colonie Ocampo	15
Sous-sol. — Terre arable	19
Climat	23
Défrichements et installation du colon	28
Culture des céréales	33
Cultures industrielles	41
Arachide	45
Sésame	46
Ricin	48
Tabac	51
Canne à sucre	55
Fabrication du sucre	60
Sorgho sucré	63
Cotonnier	65
Arbres fruitiers	67
Élève du bétail	69
Exploitation des bois	73
Chasse	76
Pêche	76
Bénéfices du travail et du capital	79

GRANDE IMPRIMERIE (Société anonyme). — G. V. Larochelle, imp.,
16, rue du Croissant, Paris

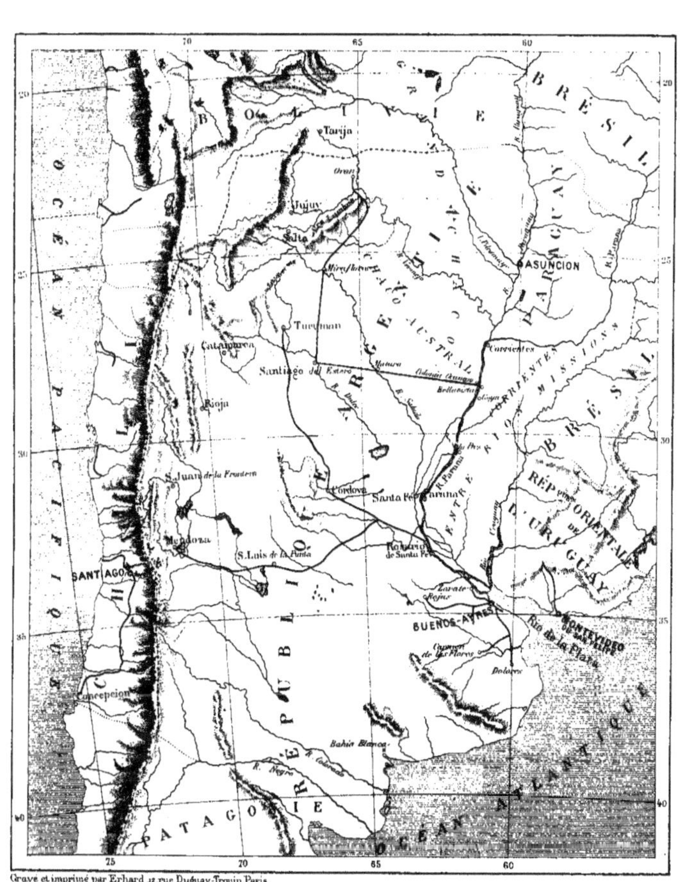

Gravé et imprimé par Erhard, 12, rue Duguay-Trouin, Paris.

www.ingramcontent.com/pod-product-compliance
Lightning Source LLC
LaVergne TN
LVHW021454170726
843501LV00005B/1653